液体光子器件

王琼华　刘超　王迪　李磊　著

科学出版社

北京

内 容 简 介

本书全面系统地介绍液体光子器件的原理及技术。首先简要介绍液体界面现象的有关理论和液滴的物理特性；然后详细介绍电润湿驱动、介电泳驱动和静电力驱动等液体器件驱动技术，重点介绍液体透镜、液体光开关、液体光偏转器等液体光子器件的结构原理、制作过程和光电特性；最后介绍液体光子器件在成像和光电显示领域的应用。

本书可作为光学成像、信息显示、微纳光子器件和微流控等领域从事研究和技术开发的科研与设计人员的参考书，也可作为上述相关领域的本科生和研究生的学习用书，以及高校教师的教学和科研参考用书。

图书在版编目（CIP）数据

液体光子器件/王琼华等著. — 北京：科学出版社，2021.6
ISBN 978-7-03-067732-7

Ⅰ. ①液… Ⅱ. ①王… Ⅲ. ①光电器件 Ⅳ. ①TN15

中国版本图书馆 CIP 数据核字 (2021) 第 010062 号

责任编辑：裴 育 朱英彪 李 娜 / 责任校对：严 娜
责任印制：赵 博 / 封面设计：蓝正设计

科学出版社 出版
北京东黄城根北街 16 号
邮政编码：100717
http://www.sciencep.com
北京中石油彩色印刷有限责任公司印刷
科学出版社发行 各地新华书店经销
*
2021 年 6 月第 一 版 开本：720×1000 B5
2024 年 6 月第三次印刷 印张：13 1/4
字数：267 000
定价：**108.00元**
（如有印装质量问题，我社负责调换）

序

随着微纳加工技术和微型自动控制技术的不断发展，现如今光子器件的微型化、智能化和集成化已经成为工业领域与科研领域的主流发展方向。目前，大多数的光子器件均是由固体原材料制成的，器件功能确定，无法随外部驱动自适应地调整功能，不符合新一代光子器件的新需求。近年来，新兴的液体光子器件通过操控液体形变或运动，不仅可实现传统光子器件的功能，在自适应性和集成化等方面也独具优势。其中，最具代表性的液体透镜可以实现焦距的自适应调节，已经实现商业化并应用在工业视觉装置、军民成像设备和医用医疗仪器等领域。液体光子器件不仅在光学领域具有广泛的应用前景，其在医学和生物检测等领域也初露锋芒。在这些交叉领域中，液体光子器件不仅可用于液滴操控和医药样品的加工处理，还可以与光电检测设备耦合，形成完备的生化检测系统。

实际上，早在20世纪80年代，国外就已有研究机构研发了具有特殊光电性能的液体光子器件，如液体透镜、液体光开关等。而我国直到21世纪初，才有科研院校开展液体光子器件的具体研究。该书作者北京航空航天大学的王琼华教授是成像与显示领域的专家，她带领的团队师生，特别是四川大学的李磊研究员团队从事液体光子器件的研究已有十余年，是国内较早开展该领域研究的团队之一。王琼华教授团队在液体光子器件理论研究、器件研制和系统集成等方面取得了一系列成果，研制的液体透镜、液体光开关和液体棱镜等液体光子器件的参数和性能均达到国内领先水平；研制了国际上首台基于液体透镜的连续光学变焦显微镜，该成果被 *Science*、*Nature Communications* 和 *Nature Photonics* 等期刊的论文所引用，得到国际同行专家的赞许和正面评价。王琼华教授长年潜心于成像与显示教研第一线，深感国内缺少对液体光子器件进行全面专业介绍的中文书籍，所以她带领团队部分师生详细梳理了国内外液体光子器件的研究工作，也集合了她团队的部分研究成果，最终著成该书。

该书内容丰富翔实，具有很强的逻辑性和系统性，不仅详细介绍了液滴的物理特性，对典型液体光子器件的机理和制作流程的叙述，既清晰客观，又深入浅出，还介绍了液体光子器件在光学、生物和医学等领域的应用。该书不仅对从事液体光子器件研究的专业人员具有重要的参考价值，也为微流控和生物化学等领域的科研人员提供了新的研究思路。期望该书既能弥补我国在该领域的欠缺，又能对我国自适应光子器件，尤其是液体光子器件的发展起到积极的推动作用。

中国工程院院士

2021 年 2 月于上海

前　言

　　随着光电技术的飞速发展，透镜、光开关、光束偏转器等光子器件被广泛应用于光学成像、信息处理、通信和信息显示等领域，并扮演着重要的角色。从天文观测到细胞观察，无论是尖端的基因图谱测序仪，还是日常生活的照相机、电视机和手机等，都与光子器件息息相关。无论是过去、现在，还是将来，光子器件都是构建"现代科技大厦"必不可少的"砖瓦"。在科学技术日新月异的今天，传统固体光子器件的性能已经不能满足各领域发展的需求，结构简单、操作简易、低成本和低功耗已成为光子器件的发展趋势，人们对光子器件具有自适应功能的需求越来越迫切。由此，具有自适应功能的液体光子器件应运而生。

　　经过几十年的发展，液体光子器件逐渐形成了微小型光子器件的一个重要研究分支，它也是光学、光电子学、表面化学、电化学和流体力学等多学科交叉的新兴研究方向。液体光子器件虽属于新型光子器件，但它对相关行业的发展起到了一定的支撑作用，其研究价值也越来越大。它既可以在传统研究领域拓展出新的研究方向，又可为突破传统光电领域的技术瓶颈提供新的解决思路，同时液体光子器件技术与新兴技术的结合更可能带来革命性的成果。液体光子器件不仅具有重要的科研价值，也逐渐形成了一个极具市场潜力的科技产业，并已实现商业化。早在 2002 年，法国就成立了专注于研发电润湿液体透镜的公司，荷兰、瑞士等国也相继涌现出多家经营液体透镜、液体光阑和电润湿显示器件的商业公司。

　　我国关于液体光子器件的研究相对滞后，在 2003 年之后才逐渐有国内研究机构对液体透镜和液体棱镜等液体光子器件展开研究。经过近二十年的发展，虽然在该领域的研究颇有建树，但国内尚无全面系统介绍该领域的著作。近年来，作者对国内外文献进行了全面梳理，并整理了团队十余年来在液体光子器件方向的部分研究成果，从而著成本书。本书首先从液体界面现象和理论出发，详述各种液体驱动技术，然后着重介绍液体透镜和液体棱镜等典型液体光子器件，最后简述液体光子器件在成像与显示领域的应用。本书从基础理论出发，从典型器件切入，最终落脚于实际应用，旨在全面介绍液体光子器件的驱动原理、设计制作和应用，为国内该方向的科研工作者和产业界技术人员提供有价值的参考。

　　作者团队的部分师生参与了书稿的撰写工作：刘超和王迪参与了第 1～4章的撰写，王迪和刘超参与了第 5 章的撰写，刘超、江钊和王光旭参与了第 6 章的撰写，袁荣英参与了第 7 章的撰写，王金辉参与了第 8 章的撰写，李磊参与了第 9 章和第 10 章的撰写。匡凤麟、刘淑斌、甘俊杰、郑奕和赵悠然参与了有关章节的校对工作。

　　本书研究内容得到了国家重大科研仪器研制项目（61927809）的支持，在此谨向国家自然科学基金委员会表示衷心的感谢。

　　由于作者水平有限，书中难免存在一些不足之处，殷切期望广大读者不吝斧正。

作　者

2021 年 1 月

目　　录

第1章 绪 论

以光子为信息载体的功能器件称为光子器件。随着社会文明的不断进步，人类发明了越来越多的光子器件用来控制光子或光束，以实现特定的光学功能。例如，透镜、光开关、光波导和光探测器等光子器件已广泛应用在通信、成像、显示和探测等领域[1-4]。这些光子器件的出现，大大促进了集成光子学、硅基光子学和纳米光子学的发展。在科技日新月异的今天，基于固态材料的光子器件已不能满足诸多领域的发展需求。水利万物，以水为媒，人们从大自然中汲取灵感，尝试用液体材料研发光子器件，液体光子器件应运而生。液体光子器件不仅能兼顾传统光子器件的功能，也能充分利用液体的流动性和自适应性。液体光子器件凭借结构简单、操作精准、成本低和功耗低等诸多优势已逐渐成为未来光子器件的发展趋势。本章首先介绍液体光子器件的概念与分类；然后以几种典型的液体光子器件为例，介绍液体光子器件的发展历程；最后简述液体光子器件在科研和产业方面的应用。

1.1 液体光子器件的概念与分类

目前，尚未有相关著作、科学文献对液体光子器件进行相对明确的定义，但是学术界已有一些共识，即从广义上讲，起关键光学功能的部分是液体或液滴，并可以根据需求自适应地调节器件状态的光子器件，都可以统称为液体光子器件。

与液体光子器件近似的一类器件是光流控(optofluidics)器件。光流控器件是在微纳尺度上控制光和流体，并利用它们之间的相互作用研发的微小型化和集成化光子器件。现如今，光流控器件所涉及的领域已不再局限于光子器件，还涉及流体操控器件和生化样品制备器件等。

液体光子器件和光流控器件之间并无严格的从属关系，两者的研究范围既有交叉，又有区别。从研究对象来讲，两者在透镜、光开关和光波导等器件的研究方法、设计机理和驱动技术方面是非常接近的。液体光子器件一般具有高密闭性和高机械稳定性，在研制阵列化的光子器件时更具优势。光流控器件可充分利用液体的流动性携载粒子，实现对粒子或生物分子的精准调控，在生化检测和粒子操控方面更具优势。从器件的结构来讲，光流控器件一般需要依据器件功能设计较为复杂的微流控通道，微流控通道的结构对器件内部流体的控制至关重要。而在液体光子器件的设计中，微流控通道不是必要结构。图 1.1.1(a)～(c)分别为液体光阑、液体反射镜和液体透镜实物，图 1.1.1(d)～(f)为典型的光流控透镜、光流控开关和光流控微泵实物。从图 1.1.1 可以看出，液体光子器件和光流控器件的驱动部件与结构设计都有很大区别。

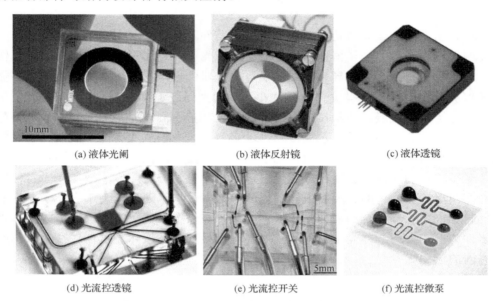

(a) 液体光阑　　　　　　　　(b) 液体反射镜　　　　　　　(c) 液体透镜

(d) 光流控透镜　　　　　　　(e) 光流控开关　　　　　　　(f) 光流控微泵

图 1.1.1　典型的液体光子器件和光流控器件实物

目前，主流的液体光子器件分类方式有两种：第一种是按驱动技术分类；第二种是按器件功能分类。按驱动技术分类，液体光子器件一般可分为电控驱动的液体光子器件和机械驱动的液体光子器件，如图 1.1.2 所示。其中，电控驱动可分为电润湿驱动、介电泳驱动、静电驱动、压电效应驱动和电磁驱动等；机械驱动可分为液压驱动、气压驱动、热压驱动和声压驱动等。实际上，机械驱动的液体光子器件一般也需要借助外部电控设备，如液压泵和气压泵等。但业界已达成了一定共识，主要以是否直接控制液体界面为标准区分是否为电控驱动，因此本书将液压驱动、气压驱动、热压驱动和声压驱动均归为机械驱动，在第 4 章将会对这些驱动技术的机理进行详细介绍。

按器件功能分类，液体光子器件一般可分为液体透镜、液体光开关、液体光阑、液体光偏转器、液体光学狭缝、液体光程调制器、液体活塞和液体光波导等，如图 1.1.3 所示。随着微纳技术的发展和多学科不断交叉融合，研究人员早已不局限于这些基础的液体光子器件的研究。可用于光谱仪和光谱研究的液体光栅和液体光学狭缝，用于 3D 显示器等的液体菲涅耳透镜和液体柱透镜阵列，用于激光光束整形的液体变形镜、液体分束器和液体光束压缩器等液体光子器件相继被提出，这些液体光子器件均可根据系统需求自适应地调控状态，部分光电特性参数优于传统固态光子器件。毫无疑问，液体光子器件不仅为集成化光子器件提供了新的研究思路和方法，也为光子学的研究注入了新的活力。

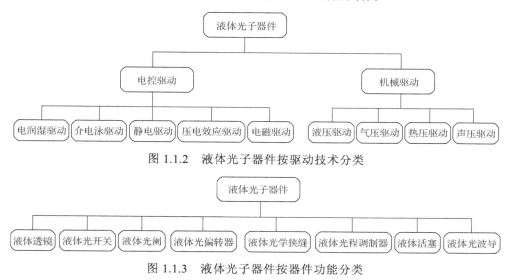

图 1.1.2　液体光子器件按驱动技术分类

图 1.1.3　液体光子器件按器件功能分类

1.2　液体光子器件的发展历程

　　液体光子器件的发展与驱动技术的发展密不可分，其中电润湿驱动技术和介电泳驱动技术是液体光子器件最重要的两种驱动技术，本节将详细介绍这两种驱动技术的发展历程。由于液体光子器件的种类众多，很难全面地介绍每种液体光子器件的发展历程，本节选取液体透镜和液体光开关这两种重要的液体光子器件，详细梳理其发展脉络，力图能以点带面，使读者对液体光子器件的发展有宏观上的了解。

1.2.1　液体光子器件驱动技术的发展历程

　　追根溯源，液体光子器件的研究是以人们对液体或流体的表面性质研究为开端的。1805 年，英国著名科学家、通识学家 Young 在研究润湿和毛细现象时分析了界面张力和接触角的定量关系，推导出著名的 Young 方程(杨氏方程)[5]。两百多年来，Young 方程已成为润湿领域最基本的理论之一，同时，该方程也是液体光子器件设计和研发的理论基础。

　　1875 年，法国著名物理学家 Lippmann 在实验中发现在外加电场下，汞液滴会在毛细管中发生位移，这就是著名的电毛细现象。他对该现象进行了深入研究，并推导了 Lippmann 方程。可以说 Lippmann 是世界上最早发现电润湿现象并进行研究的科学家。Lippmann 方程是电润湿驱动技术的基本方程，但是，在 Lippmann 之后的百年间，电毛细或电润湿现象的相关理论都没有得到很大的发展[6]。直到 1936 年，法国科学家 Froumkine 通过电场改变来控制液体表面张力，成功地实现了对液滴形状的调控[7]。1981 年，美国贝尔实验室的 Beni 等通过控制介电液体和导电液体实现了一种新型显示方式，并首次使用术语 electrowetting（电润湿），之后该说法被学术界广泛认同，并大量使用[7-9]。

电润湿驱动技术的实质性发展是在 1993 年，法国科学家 Berge 在传统电润湿模型上引入了介电层，降低了导电液体被电解的风险，并结合 Young 方程和 Lippmann 方程，重新推导了现代电润湿方程——Young-Lippmann 方程，后续诸多电润湿驱动的液体光子器件都基于该方程设计，逐渐形成了一个新的术语"介质上电润湿"（electrowetting-on-dielectric, EWOD）[10]。

之后，国际上对电润湿驱动技术的研究主要集中在介电层材料方面。1998 年，飞利浦埃因霍温研究院的 Welters 等使用派瑞林（Parylene）和特氟龙（Teflon）材料作为介质层，并用直流电实现了电润湿驱动，但驱动电压高达 400V[11]。2010 年，匹兹堡大学的 Chung 等将 Parylene C 材料替换为 SiO_2，电压降低到 100V 以内[12]。2010 年，中国科学院力学研究所的 Yuan 等基于分子动力学模拟了动态润湿和电润湿效应，揭示了液滴前驱模的运动规律，为动态电润湿驱动奠定了理论基础[13]。2016 年，西安交通大学的 Li 等深入研究了电润湿驱动下界面的物理特性，通过控制固-液界面电荷的捕获量来减小液滴的饱和接触角，在一定程度上扩大了液滴形变的调控范围[14]。2019 年，加利福尼亚大学洛杉矶分校的 Li 等提出了一种全新的电润湿驱动机制，向导电液滴中引入极低浓度的离子型表面活性剂，可以使驱动电压降低一个数量级，最低可达 25V 左右[15]。

相较电润湿驱动技术，介电泳驱动技术的研究较晚。1956 年，美国物理化学家 Pohl 在实验中观察发现悬浮在介质中的微粒可以在非均匀电场的作用下产生定向运动，运动方向取决于介质的介电常数大小。1971 年，Pohl 等又推导了关于介电泳的基础方程，并于 1978 年将这一现象正式定义为介电泳（dielectrophoresis）。同年，Pohl 出版了世界上第一部关于介电泳的专著[16]。直到 20 世纪 90 年代，随着微纳加工技术的发展，利用介电泳驱动技术收集、定位和分离悬浮液中微粒的技术取得了很大的进步。1995 年，罗切斯特大学的 Jones 出版了专著 *Electromechanics of Particles*，从理论上系统地阐明了介电泳驱动粒子的机理[17]。

经过几十年的发展，介电泳驱动理论和技术日趋成熟，诸多液体光子器件及粒子操控器件也得到广泛研究。2004 年，得克萨斯大学的 Gascoyne 等将介电泳驱动技术同编程思想结合，实现了阵列化和数字化的精准介电泳驱动技术[18]。2009 年，维克森林大学的 Shafiee 等将电极耦合到流体通道中，在这些电极上施加高频电场，流体通道就会产生相应电场，突破了无接触式介电泳驱动的物理机理[19]。2011年，克莱姆森大学的宣向春等首次用实验验证了焦耳热效应对绝缘子基介电泳驱动装置中电渗透流的影响。此外，该团队还研发了一种数值计算模型，通过求解简化的二维几何结构中的电能和流体耦合方程来模拟流体类型，为绝缘子基介电泳驱动技术提供了实验和理论基础[20]。2017 年，麦吉尔大学的 Modarres 等在理论上揭示了由交流电位产生电热流动的原因，推动了可应用于生物大分子驱动的介电泳驱动技术[21]。

上述驱动技术以及静电驱动、压电效应驱动和电磁驱动的物理机理将在本书第 4 章详细介绍。

1.2.2 几种典型的液体光子器件的发展历程

液体光子器件的种类较多，其中液体透镜和液体光开关是研究较早且相对成熟的两种器件，本节分别介绍这两种器件的发展历程，由此抛砖引玉，其他种类液体光子器件的发展历程也大抵相同。

1. 液体透镜

关于液体透镜的研究最早可追溯到 1963 年，Toulis 发表了题为 "Acoustic focusing with spherical structures" 的论文，提出一种利用声压振荡来调控液滴形状的技术，液滴在被驱动的过程中发生形变，并实现对光束的聚焦功能，这也是液体透镜的雏形[22]。该论文只是提出用外部驱动可以调控液体或液滴的形状，对这种液体透镜并未设计相应的封装结构。因此，论文中设计的器件还不能称为完整意义上的光子器件。随后 1971 年，Knollman 等发表了题为 "Variable-focus liquid-filled hydroacoustic lens" 的论文[23]。该论文中设计的液压液体透镜结构已经同现代弹性体液体透镜非常相近，如图 1.2.1(a) 所示。

随着电润湿和介电泳等电控驱动技术的发展，液体透镜也逐渐由机械控制向电控制发展。2000 年，法国科学家 Berge 等研制了世界上第一款可商用的电润湿液体透镜，并对焦距和电压等参数进行了详细测量[24]。不过由于当时的技术限制，液体透镜的驱动电压高达 250V，如图 1.2.1(b) 所示。目前，电润湿液体透镜的驱动电压已经降低至几十伏特，功耗在微瓦量级。2005 年，中佛罗里达大学的吴诗聪团队基于弹性膜和密封环研制了一款机械液体透镜，该液体透镜无需外部电控装置，具有低成本和低功耗的优点[25]。2008 年，上海理工大学的庄松林团队提出了一种基于电润湿液体透镜的变焦光学系统设计方案，不仅建立了电润湿液体透镜中液体折射率、界面曲率和焦距的数学模型，也仿真模拟了液体透镜外加电压与系统焦距的关系，为新一代变焦光学系统的设计提供了全新思路[26]。

(a) 液压液体透镜　　　　　　　　　　　　　　　　(b) 电润湿液体透镜

图 1.2.1　两种典型的液体透镜实物

　　本书作者团队也于 2015 年研发了环形折反式液体透镜,光线在液体透镜内部进行多次反射,将电润湿液体透镜的光焦度提升了 3 倍[27]。2020 年,华中科技大学的 Qian 等提出了一种新型液体透镜的实现方法。在该方法中,将空气中电晕放电引起的电荷注入介质液体,气-液界面上会产生"电压力",进而改变透镜腔体体积,实现液体透镜的变焦功能[28]。

　　2. 液体光开关

　　传统固体光开关的实现方法主要有机械控制、热光控制、电光控制和声光控制等,而液体光开关指光束通断的关键部件是基于操控液体实现的光开关。1981年,美国贝尔实验室的 Beni 等利用电润湿驱动水银微柱,使其在毛细管内运动,实现了光开关的功能[8]。1986 年,法国科学家 Legrand 设计了一款基于电磁驱动的液体光开关,通过磁场控制腔体的位移使腔体内液体覆盖通光区域,实现光开关功能[29]。之后液体光开关的设计不局限于利用染色液体吸收光束来实现,研究人员也设计了诸多基于全反射和微反射结构的液体光开关。2003 年,飞利浦公司的研究人员通过时序调控染色油和水成功地实现了电润湿显示,将液体光开关的应用拓展到显示领域[30]。

　　另外一些具有多功能用途的基于可变光孔的液体光开关或光开关阵列也受到广泛关注。2010 年,中佛罗里达大学的吴诗聪团队提出了一种基于可变形液滴的液体光开关[31]。该设计基于介电泳驱动使液滴发生形变打开或关闭光通道,实现光开关功能。2015 年,韩国全北国立大学的 Xu 等利用丙三醇在特定红外波段的强烈吸收,研制了介电泳红外液体光开关,大大拓展了液体光开关在光通信领域的应用范围[32]。

　　本书作者团队从 2011 年开始开展了关于液体光开关的研究,相继研制了基于电润湿和液压驱动的几种液体光开关[33-35]。2020 年,Liu 等在 Xu 等工作[32]的启发下研制了红外光/可见光切换液体光开关,其在红外光和可见光波段都有良好的光衰减能力，且具有制作简单和功耗低的优点[36]。

其他液体光子器件虽然没有液体透镜和液体光开关那么早就被研究人员关注，但近年来新兴的液体光学狭缝、液体菲涅耳透镜和液体柱透镜阵列等在诸多领域已逐渐崭露头角，成为极具潜力的研究对象。

本书将在第 5~9 章对各类型的液体光子器件进行详细叙述。

1.3　液体光子器件的应用

液体光子器件经过几十年的发展，已经成为新型光子器件的一个重要研究方向。液体光子器件作为光学领域的新型基础器件，一方面解决了传统光子器件存在的一些瓶颈问题，另一方面也大大推动了相关行业的发展。

1.3.1　科研方面

在光学成像领域，将液体透镜和液体光阑集成到传统光学系统中可实现自适应变焦和高分辨成像；在平板显示领域，基于电润湿驱动的电子纸已成为未来新型显示的新宠；在 3D 显示领域，国内外研究者已相继研究了基于液体透镜的高分辨全息显示系统和头戴显示系统，将传统 3D 显示中的光学器件替换为液体光阑或液体微透镜阵列，便可轻松实现 2D/3D 切换显示，这将对实现 2D 时代向 3D 时代的跨越产生很大的推动作用；在医学检测领域，基于电润湿驱动或介电泳驱动的芯片层出不穷，为医疗诊断和微型化医疗器械研制带来新的思路。由此可见，液体光子器件已逐渐发展成微型光学器件的重要研究方向之一，并在相关领域的发展中扮演着越来越重要的角色。

1.3.2　产业方面

液体光子器件不仅在科研领域备受关注，在产业领域也逐渐崭露头角。例如，美国康宁公司旗下的 Varioptic 公司就是一家专注开发和生产电润湿液体透镜的公司。该公司成立于 2002 年，现如今旗下产品多达十余种，其产品不仅直供到多所科研院校供研究者使用，还成功地应用在多种可移动便携设备上。随后该公司又将液体透镜产品应用到显微成像领域，进一步拓展了液体透镜的应用范围，图 1.3.1(a) 为该公司生产的电润湿液体透镜实物。2006 年，荷兰成立 Liquavista 公司，这是一家致力于彩色电润湿显示的公司，电润湿显示也被视为下一代健康显示方式，图 1.3.1(b) 为该公司生产的电润湿彩色显示器。据预测，全球电子纸市场到 2022 年将从 2015 年的 4.9 亿美元增长至 42.74 亿美元，2016~2022 年将保持 37.5% 的复合年增长率。由此可见，电润湿显示的潜在商业价值巨大。2008 年，瑞士成立 Optotune 公司，主要致力于压电效应液体透镜和电控微反射镜的研发与制造。

该公司销售的液体透镜主要有机械控制和电控制两大类，其产品也被科研院所广泛使用，图 1.3.1(c)为该公司生产的压电效应液体透镜。

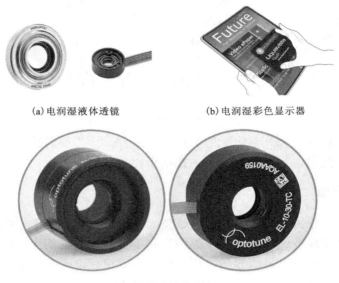

(a)电润湿液体透镜   (b)电润湿彩色显示器

(c)压电效应液体透镜

图 1.3.1   几种具有代表性的液体光子器件产品

本书将在第 10 章对液体光子器件在成像、显示和生化检测等领域的应用进行详细叙述。

综上所述，液体光子器件的研究是当今流体控制技术领域、光电成像领域和微流控领域的重要研究方向之一，不仅有着广阔的研究空间，在产业方面也前景诱人。

1.4   本书主要内容

本书主要系统地介绍液体光子器件的理论基础、驱动原理和几类典型的液体光子器件及其在成像、显示和生化检测等方面的应用。

第 1 章绪论，简述液体光子器件的概念、发展历程和应用。第 2 章液体界面现象和理论，主要介绍液体表面张力、表面能、润湿现象和毛细现象等物化理论。第 3 章液滴的物理特性，主要从液滴的表面形状与性质、非光滑表面上液滴状态、液滴的运动和蒸发等方面介绍液滴的物理特性。第 4 章液体光子器件的驱动，详细介绍电润湿驱动、介电泳驱动、静电驱动、电磁驱动和机械驱动的物化机理。第 5 章电控液体透镜，主要介绍电润湿液体透镜、介电泳液体透镜和静电力液体透镜的结构原理、制作流程与成像效果。第6章其他液体透镜，主要介绍液压液体透镜、气压液体透镜、热压液体透镜、声压液体透镜、弹性体液体透镜、水凝胶液体透镜、压电效应液体透镜和电磁液体透镜的结构原理、制作流程与成像效果。第7章液体光开关，主要介绍几种类型的液体光开关的实现机理、制作流程和性能。第8章液体光偏转器，主要从液体光偏转器的类型、制作流程和光束偏转效果等方面进行详细介绍。第9章其他液体光子器件，主要介绍液体光学狭缝、液体光程调制器、液体活塞和液体光波导等液体光子器件的结构原理与光电特性。第10章液体光子器件的应用，详细介绍液体光子器件在光学成像、光电显示和生化检测等领域的实际应用。

总之，液体光子器件是光子学、流体力学、电化学和电学等多学科交叉的新兴研究方向，国外早在20世纪90年代就开始对其进行研究，并已经实现商业化。虽然我国对液体光子器件的研究较晚，但在这个领域的研究成绩斐然。相信在不远的将来，我国在该领域的研究可以引领世界潮流，并推动我国轻量化、集成化成像和显示等领域的发展。

参 考 文 献

[1] Kasap S O. 光电子学与光子学——原理与实践[M]. 2版. 罗风光, 译. 北京: 电子工业出版社, 2015.

[2] 骆清铭, 等. 生物分子光子学研究前沿[M]. 上海: 上海交通大学出版社, 2014.

[3] 顾樵. 生物光子学[M]. 北京: 科学出版社, 2019.

[4] 罗丹. 液晶光子学[M]. 北京: 电子工业出版社, 2018.

[5] Young T. An essay on the cohesion of fluids[J]. Philosophical Transactions of the Royal Society of London, 1805, 95: 65-87.

[6] Lippmann M G. Relations entre les phénomènes électriques et capillaries[J]. Annual Chemistry Physics, 1875, 5: 494-549.

[7] Froumkine A. Couche double, electrocapillarite, surtension[J]. Actualites Scientifiques et Industrielles, 1936, 373(1): 5-36.

[8] Beni G, Hackwood S. Electro-wetting displays[J]. Applied Physics Letters, 1981, 38(4): 207-209.

[9] Jackel J L, Hackwood S, Beni G. Electrowetting optical switch[J]. Applied Physics Letters, 1982, 40(1): 4-5.

[10] Berge B. Électrocapillarité et mouillage de films isolants par léau[J]. Comptes Rendus de l'Académie des Sciences, 1993, 317(2): 157-163.

[11] Welters W J J, Fokkink L G J. Fast electrically switchable capillary effects[J]. Langmuir, 1998, 14(7): 1535-1538.

[12] Chung S K, Rhee K, Cho S K. Bubble actuation by electrowetting-on-dielectric（EWOD）and its applications: A review[J]. International Journal of Precision Engineering and Manufacturing, 2010, 11（6）: 991-1006.

[13] Yuan Q, Zhao Y P. Precursor film in dynamic wetting, electrowetting, and electro-elasto-capillarity[J]. Physical Review Letters, 2010, 104（24）: 246101.

[14] Li X M, Tian H M, Shao J Y, et al. Electrowetting-on-dielectrics: Decreasing the saturated contact angle in electrowetting-on-dielectrics by controlling the charge trapping at liquid-solid interfaces[J]. Advanced Functional Materials, 2016, 26（18）: 2994-3002.

[15] Li J, Ha N S, Liu T, et al. Ionic-surfactant-mediated electro-dewetting for digital microfluidics[J]. Nature, 2019, 572（7770）: 507-510.

[16] Pohl H A. Dielectrophoresis[M]. Cambridge: Cambridge University Press, 1978.

[17] Jones T B. Electromechanics of Particles[M]. Cambridge: Cambridge University Press, 1995.

[18] Gascoyne P R C, Vykoukal J V, Schwartz J A, et al. Dielectrophoresis-based programmable fluidic processors[J]. Lab on a Chip, 2004, 4（4）: 299-309.

[19] Shafiee H, Caldwell J L, Sano M B, et al. Contactless dielectrophoresis: A new technique for cell manipulation[J]. Biomedical Microdevices, 2009, 11（5）: 997-1006.

[20] Sridharan S, Zhu J J, Hu G Q, et al. Joule heating effects on electroosmotic flow in insulator-based dielectrophoresis[J]. Electrophoresis, 2011, 32（17）: 2274-2281.

[21] Modarres P, Tabrizian M. Alternating current dielectrophoresis of biomacromolecules: The interplay of electrokinetic effects[J]. Sensors and Actuators B: Chemical, 2017, 252: 391-408.

[22] Toulis W J. Acoustic focusing with spherical structures[J]. The Journal of the Acoustical Society of America, 1963, 35（3）: 286-292.

[23] Knollman G C, Bellin J L S, Weaver J L. Variable-focus liquid-filled hydroacoustic lens[J]. The Journal of the Acoustical Society of America, 1971, 49（1B）: 253-261.

[24] Berge B, Peseux J. Variable focal lens controlled by an external voltage: An application of electrowetting[J]. The European Physical Journal E, 2000, 3（2）: 159-163.

[25] Ren H W, Wu S T. Variable-focus liquid lens by changing aperture[J]. Applied Physics Letters, 2005, 86（21）: 21107.

[26] 彭润玲, 陈家璧, 庄松林. 电湿效应变焦光学系统的设计与分析[J]. 光学学报, 2008, 28（6）: 1141-1146.

[27] Li L, Liu C, Ren H W, et al. Annular folded electrowetting liquid lens[J]. Optics Letters, 2015, 40（9）: 1968-1971.

[28] Qian S Z, Shi W X, Zheng H, et al. Tunable-focus liquid lens through charge injection[J]. Micromachines, 2020, 11（1）:109.

[29] Legrand J. Optical switch, and a matrix of such switches: US, 4582391[P]. 1986.

[30] Hayes R A, Feenstra B J. Video-speed electronic paper based on electrowetting[J]. Nature, 2003, 425(6956): 383-385.

[31] Ren H W, Wu S T. Optical switch using a deformable liquid droplet[J]. Optics Letters, 2010, 35(22): 3826-3828.

[32] Xu M, Wang X H, Jin B Y, et al. Infrared optical switch using a movable liquid droplet[J]. Micromachines, 2015, 6: 186-195.

[33] Liu C, Li L, Wang Q H. Bidirectional optical switch based on electrowetting[J]. Journal of Applied Physics, 2013, 113(19): 193106.

[34] Liu C, Li L, Wang D, et al. Liquid optical switch based on total internal reflection[J]. IEEE Photonics Technology Letters, 2015, 27(19): 2091-2094.

[35] Liu C, Wang D, Li L, et al. Multifunction reflector controlled by liquid piston for optical switch and beam steering[J]. Optics Express, 2019, 27(23): 33233-33242.

[36] Liu C, Wang D, Wang G X, et al. 1550nm infrared/visible light switchable liquid optical switch[J]. Optics Express, 2020, 28(6): 8974-8984.

第 2 章　液体界面现象和理论

液体光子器件中起关键作用的元件一般为液体或液体驱动的部件，因此学习和研究液体光子器件首先要了解和掌握液体界面现象及液体控制的基础理论。本章首先介绍液体表面张力和界面张力的基本概念，基于此推导 Laplace 定律和 Young 方程，这也是后续研究液体光子器件中液体流动、液滴操控和液体驱动的理论基础。其次介绍大自然中最普遍的液体界面现象、润湿现象和毛细现象。总之，本章不仅是研究自适应液体光子器件的理论基石，也是表面化学和微流控芯片驱动技术的理论基础。

2.1　液体表面张力和界面张力

通常物质具有不同的聚集状态或相态，一般有气态、液态和固态三种相态，当不同的相态接触时，相间分界面为界面，因而就形成了气-液、气-固、液-液和液-固界面。当形成界面的两相中有一相是气体时，通常称此界面为表面，即表面是界面的一种特殊情形[1,2]。

界面现象是自然界中最普遍的现象之一，在生产和生活中随处可见，如荷叶上的水滴和散落在桌面上的汞滴会自动成球状，脱脂棉和毛巾能迅速被水润湿，固体表面能吸附其他物质，将大块物质破碎需要做功，用外力可以将两块肥皂压制成整块等。人类对界面问题的研究逐渐形成了一门学问，即界面科学。

2.1.1　表面张力

分子间作用力，又称范德瓦耳斯力(van der Walls force)，是分子之间非定向的、无饱和性的、较弱的相互作用力。它有三个来源：一是取向力，即极性分子之间的相互作用力，源自极性分子的永久偶极矩之间的相互作用；二是诱导力，极性分子将非极性分子极化，产生诱导偶极矩，并相互作用；三是色散力，一对非极性分子由于本身电子的概率运动，可以相互配合产生一对方向相反的瞬时偶极矩，这对瞬时偶极矩相互作用。其中，色散力是非极性分子中范德瓦耳斯力的主要来源。

范德瓦耳斯力是产生各种界面现象的根源，它虽然只是分子间的引力，但具有加和性，其合力足以穿越相界面而起作用。这种力能在较长的距离内起作用，属于长程力。通常分子的分子量越大，范德瓦耳斯力越大。

　　为了对分子间相互作用进行量化，引入分子间相互作用势能的概念。一般用正势能表示排斥，负势能表示吸引。分子间势能是关于分子间距离的函数，通常与距离的负指数幂呈正比关系。因为分子间存在范德瓦耳斯力，所以分子所受到的作用力必与其所处的环境有关。以液体为例，图 2.1.1 为分子间的相互作用示意图。基于液体材料的性质，如密度、黏度和黏聚能等属性，将液体作为连续介质研究。液体内部的分子在各个方向上所受到的作用力相互抵消，一般而言，气体分子量小于液体分子量，气体分子对液体分子的吸引力较小，液体表面分子所受到的作用力就不能完全抵消，其合力垂直指向液体内部，称为净吸力，如图 2.1.1(a) 所示。净吸力的存在，致使液体表面的分子有被拉入液体内部的趋势。这就是液体表面都会自动缩小的原因，也是表面张力的成因。而随着液-气界面的过渡，分子密度在液-气界面急剧减小，分子间作用力也随之减小，如图 2.1.1(b) 所示。两分子间势能随距离 L 变化示意图如图 2.1.1(c) 所示，在短程内分子斥力非常大，阻止了分子间的相互重叠；在接近分子直径的距离时，分子间的引力最大，随着距离的逐渐增大，引力也会趋近于零[3,4]。

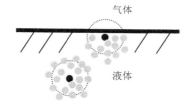

(a) 液体内部分子间的相互作用

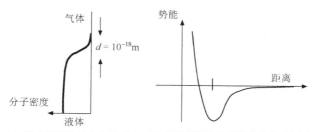

(b) 液-气界面分子密度剖面图　　(c) 两分子间势能随距离变化示意图

图 2.1.1　分子间的相互作用示意图

　　用一个 U 形金属框和一根活动的金属丝制备液膜，如图 2.1.2(a) 所示。为了把液体拉成液膜，必须在金属丝上施加一个外力 F，其方向与液面相切且与金属丝垂直。液膜处于平衡时必有一个与 F 大小相等且方向相反的力作用于金属丝，这个力就是表面张力。设 l 为金属丝长度，γ 为表面张力，由于液膜有两个面，如图 2.1.2(b) 所示，因此 F 与 γ 有如下关系：

$$F = 2l\gamma \tag{2.1.1}$$

$$l \approx \sqrt{\frac{\gamma}{\rho g}} \tag{2.1.2}$$

式 (2.1.1) 表明，表面张力是作用于金属丝单位长度上的力，其方向与液面相切。

若从能量的角度来理解表面张力，则增加液体的表面积，等于将液体内部分子搬到液体表面，即将液体分子由低势能区移动至高势能区，这个过程要克服液体内部分子的吸引力做功，因而要消耗外部能量。根据能量守恒定律，外界所消耗的功将以表面分子所具有的一种额外势能的形式储存于表面。因此，表面张力可定义为增加单位面积界面所消耗的可逆功。

以图 2.1.2 所示的液膜为例，在外力 F 作用下金属丝移动的距离为 Δx，可逆功表示为

$$W_\mathrm{r}' = -F\Delta x \tag{2.1.3}$$

所产生的表面积 A 为

$$A = 2\Delta x l \tag{2.1.4}$$

则表面张力为

$$\gamma = \frac{-W_\mathrm{r}'}{A} = \frac{F\Delta x}{2\Delta x l} = \frac{F}{2l} \tag{2.1.5}$$

(a) 金属丝在 U 形金属框上制备液膜

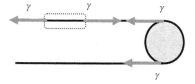

(b) 液膜上、下表面受表面张力作用示意图

图 2.1.2　表面张力数学模型

因此，无论以单位长度上的力或以单位面积上的过剩能量来描述表面张力，都是等效的，这也和本节的说明内容一致。γ 的单位通常用 mN/m(毫牛每米)或

dyn/cm[①](达因每厘米)，单位面积上能量的单位通常用 erg/cm²[②](尔格每平方厘米)表示，由量纲分析可知两个单位本质上是一样的，如下：

$$\frac{\text{dyn}}{\text{cm}} \cdot \frac{\text{cm}}{\text{cm}} = \frac{\text{erg}}{\text{cm}^2} \tag{2.1.6}$$

下面将从热力学角度进一步讨论表面张力 γ 的物理意义，对一个包含表面的开放体系来说，体系的内能 U 可表示为

$$U = U^{\text{b}} + U^{\text{s}} \tag{2.1.7}$$

式中，上标 b 和 s 分别指体相和表面相。

微分式(2.1.7)可得

$$\mathrm{d}U = \mathrm{d}U^{\text{b}} + \mathrm{d}U^{\text{s}} = T\mathrm{d}S - p\mathrm{d}V + \sum \mu_i \mathrm{d}n_i + \gamma \mathrm{d}A \tag{2.1.8}$$

式中，T 为温度；S 为熵；p 为压强；V 为体积；μ_i 为各相化学势；n_i 为各相物质的数量。

在平衡时，表面相与体相的 T、p、μ_i 皆相等，于是有

$$\gamma = \left(\frac{\partial U}{\partial A}\right)_{S,V,n_i} \tag{2.1.9}$$

同理，可得

$$\gamma = \left(\frac{\partial H}{\partial A}\right)_{S,p,n_i} \tag{2.1.10}$$

$$\gamma = \left(\frac{\partial W}{\partial A}\right)_{T,V,n_i} \tag{2.1.11}$$

$$\gamma = \left(\frac{\partial G}{\partial A}\right)_{T,p,n_i} \tag{2.1.12}$$

式中，H 为热函；W 为功函；G 为吉布斯自由能。

式(2.1.9)～式(2.1.12)表明了 γ 在能量层面的物理意义，以式(2.1.12)为例，它表明 γ 为恒温恒压下封闭体系增加单位表面积时体系自由能的增加。

恒温恒压下仅增加表面积并不会导致体系内部自由能的改变，因此上述自由能的增加必与表面相形成有关。当仅考虑表面相时，式(2.1.8)可简化表达为

$$\mathrm{d}U^{\text{s}} = T\mathrm{d}S^{\text{s}} - p\mathrm{d}V^{\text{s}} + \sum \mu_i \mathrm{d}n_i^{\text{s}} + \gamma \mathrm{d}A \tag{2.1.13}$$

在恒温恒压条件下对式(2.1.13)积分可得

---

① 1dyn=10⁻⁵N。

② 1erg=10⁻⁷J。

$$U^{\mathrm{s}} = TS^{\mathrm{s}} - pV^{\mathrm{s}} + \sum \mu_i n_i^{\mathrm{s}} + \gamma A \qquad (2.1.14)$$

由 $G=H-TS=U+pV-TS$ 可得

$$G^{\mathrm{s}} = \sum \mu_i n_i^{\mathrm{s}} + \gamma A \qquad (2.1.15)$$

将式 (2.1.15) 两边除以面积 A，即得单位面积上的表面自由能为

$$\gamma = g^{\mathrm{s}} - \frac{\sum \mu_i n_i^{\mathrm{s}}}{A} \qquad (2.1.16)$$

式中，g^{s} 为单位面积表面的吉布斯自由能，即表面自由能。

显然 γ 并非表面自由能，它与表面自由能相差 $\dfrac{\sum \mu_i n_i^{\mathrm{s}}}{A}$，而这一项正是表面分子和内部分子具有的自由能。由此可知，γ 实际上是处于表面上的分子与它处于液体内部时相比所具有的自由能过剩值。

综上所述，分子间的相互作用力可引起净吸力，净吸力引起表面张力。表面张力永远与液体表面相切，并和净吸力相互垂直。表面张力是在等温等压下，封闭体系增加单位表面积时体系自由能的增加，其本质为单位面积上的表面过剩自由能[5]。

2.1.2　界面张力

由 2.1.1 节介绍可知，界面张力和表面张力一样均由分子间相互作用引起，只是界面张力的范围更广，一般也用 γ 表示。当两个凝聚相接触时，相界面两侧的不同分子间也存在相互作用力，这种相互作用力即长程力。研究发现，这种能穿越相界面，从而能在较大的分子间距内起作用的力主要是色散力。由于分子间相互作用力有多种，界面张力 γ 表示为各种力相互作用的贡献之和，即

$$\gamma = \gamma^{\mathrm{d}} + \gamma^{\mathrm{h}} + \gamma^{\mathrm{m}} + \gamma^{\pi} + \gamma^{\mathrm{i}} = \gamma^{\mathrm{d}} + \gamma^{\mathrm{sp}} \qquad (2.1.17)$$

式中，上标 d 表示色散力作用，h 表示氢键作用，m 表示金属键作用，π 表示电子相互作用，i 表示离子相互作用，sp 表示其他特殊成分。

在一切分子间都起作用的成分只有色散力成分，其他特殊成分 γ^{sp} 的存在与否取决于物质性质。例如，水（角标为 W）的界面张力由色散力成分和氢键成分构成，因此水的界面张力可表示为

$$\gamma_{\mathrm{W}} = \gamma_{\mathrm{W}}^{\mathrm{d}} + \gamma_{\mathrm{W}}^{\mathrm{h}} \qquad (2.1.18)$$

而烃（角标为 H）的界面张力可以认为只有色散力成分，即

$$\gamma_{\mathrm{H}} = \gamma_{\mathrm{H}}^{\mathrm{d}} \qquad (2.1.19)$$

对于汞（角标为 Hg），界面张力则包括色散力成分和金属键成分两部分，即

$$\gamma_{Hg}=\gamma_{Hg}^{d}+\gamma_{Hg}^{m} \tag{2.1.20}$$

当 a、b 两个凝聚相形成界面时，γ 中的色散力成分将穿越相界面而起作用，由此减小了分子从体相内部迁移到界面所需的功，使得可以将界面张力和两相的界面张力相关联。假定两相间的色散力作用使分子从体相内部迁移到界面所需功的减小 (ΔE^{s}) 等于两凝聚相界面张力色散力成分的几何平均值，即

$$\Delta E^{s}=\sqrt{\gamma_{a}^{d}\gamma_{b}^{d}} \tag{2.1.21}$$

对于单位面积界面，将分子从体相内部迁移到界面所需的功分别为

$$W_{a}=\gamma_{a}-(\Delta E^{s})_{a}=\gamma_{a}-\sqrt{\gamma_{a}^{d}\gamma_{b}^{d}} \tag{2.1.22}$$

$$W_{b}=\gamma_{b}-(\Delta E^{s})_{b}=\gamma_{b}-\sqrt{\gamma_{a}^{d}\gamma_{b}^{d}} \tag{2.1.23}$$

总功为

$$\gamma_{ab}=W_{a}+W_{b}=\gamma_{a}+\gamma_{b}-2\sqrt{\gamma_{a}^{d}\gamma_{b}^{d}} \tag{2.1.24}$$

虽然用 γ_{a}^{d} 和 γ_{b}^{d} 来计算 γ_{ab} 很成功，但本质上 γ_{a}^{d} 和 γ_{b}^{d} 只是从不同体系得到的略带发散的平均值，因此在某种意义上类似于物理化学中的平均键能。

2.2　Laplace 定律及应用

Laplace 定律是处理界面和微液滴时的最基本定律，它将液滴内部的压强与液滴的界面曲率联系起来。本节将详细介绍 Laplace 定律的推导及其在液体运动和操控等方面的应用。

2.2.1　界面曲率和曲率半径

在微分几何中，曲率半径的倒数就是曲率。平面曲线的曲率就是针对曲线上某个点的切线方向角对弧长的转动率，如图 2.2.1 所示。

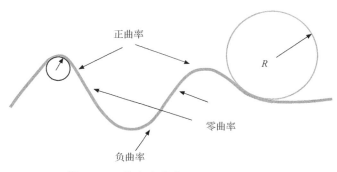

图 2.2.1　曲率和曲率半径的数学模型

通过微分来定义，曲率表明曲线偏离直线的程度。对于曲线，曲率半径等于最接近该点处曲线的圆弧半径。对于表面，曲率半径是最适合正常截面或其组合的圆的半径：

$$R = \frac{1}{\kappa} \tag{2.2.1}$$

式中，R 为曲率半径；κ 为曲率。值得注意的是，曲率和曲率半径是有符号的数学量，曲率半径的正负完全取决于该段曲面的方向（凸面或凹面）。

在任意 x-y 坐标系中，若给定参数曲线方程为

$$c(t) = [x(t), y(t)] \tag{2.2.2}$$

则曲率可由下式得到：

$$\kappa = \frac{\dot{x}\ddot{y} - \dot{y}\ddot{x}}{(\dot{x}^2 + \dot{y}^2)^{3/2}} \tag{2.2.3}$$

式中，x、y 字符上的点表示对 t 的微分。

对于给定的平面曲线，所隐含的条件为 $f(x, y) = 0$，则曲率可表示为

$$\kappa = \nabla \cdot \frac{\nabla f}{\| \nabla f \|} \tag{2.2.4}$$

也就是说，曲率是函数 f 在梯度方向上的微分。对于一个确定的函数 $y = f(x)$，曲率由下式定义：

$$\kappa = \frac{\mathrm{d}^2 y / \mathrm{d} x^2}{[1 + (\mathrm{d}y / \mathrm{d}x)^2]^{3/2}} \tag{2.2.5}$$

2.2.2　Laplace 定律

假设有一个球形液滴浸入液体，则液滴的体积会膨胀，如图 2.2.2 所示。P_0 为初始状态时液滴内部压强，假设液滴的半径从 R 增大到 $R + \mathrm{d}R$，A 为液滴表面积，$\mathrm{d}A$ 为表面积增量，液滴浸入液体后，液体内部体积增大所做的功为[3]

$$\delta W_{\mathrm{i}} = -P_0 \mathrm{d}V_0 \tag{2.2.6}$$

式中，$\mathrm{d}V_0$ 为液滴体积的增大量，即

$$\mathrm{d}V_0 = 4\pi R^2 \mathrm{d}R \tag{2.2.7}$$

液滴体积从 V_0 膨胀到 V_1 所做的功为

$$\delta W_{\mathrm{e}} = -P_1 \mathrm{d}V_1 \tag{2.2.8}$$

式中，P_1 为液滴外部压强；$\mathrm{d}V_1$ 为外部体积的减小量，等于 $-\mathrm{d}V_0$。

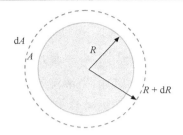

图 2.2.2　Laplace 定律推导的数学模型

液滴表面积增大，表面张力所做的功为

$$\delta W_s = \gamma \mathrm{d}A \tag{2.2.9}$$

式中，$\mathrm{d}A$ 为液滴表面积的增大量，由数学知识可得 $\mathrm{d}A = \pi R \mathrm{d}R$。

由机械能守恒可得

$$\delta W = \delta W_i + \delta W_e + \delta W_s = 0 \tag{2.2.10}$$

将式 (2.2.6)~式 (2.2.9) 代入式 (2.2.10) 可得

$$\Delta P = P_0 - P_1 = \frac{2\gamma}{R} \tag{2.2.11}$$

式 (2.2.11) 即球体的 Laplace 定律。

亦可将式 (2.2.11) 进一步推广至普通曲面，则压差为

$$\Delta P = \gamma \frac{\mathrm{d}A}{\mathrm{d}V} \tag{2.2.12}$$

假设曲面的两界面曲率半径分别为 R_1 和 R_2，则可得到

$$\Delta P = \gamma \left(\frac{1}{R_1} + \frac{1}{R_2} \right) \tag{2.2.13}$$

式 (2.2.13) 为 Laplace 定律的一般表达式。由该定律可知，液体的表面张力越大，且在接触表面形成的曲率半径越小，液体内外压强差就越大。Laplace 定律是表面化学的基本定律，可对多种界面现象做出定性和定量的解释，也是理解毛细现象和润湿现象的基础。该定律体现了自然界能量最低原理，即能量为了保持平衡会自动降低，自然变化进行的方向都是使能量降低以维持较为稳定状态的方向[6-8]。

2.2.3　Laplace 定律的应用

Laplace 定律可以解释液体运动、液滴表面形貌变化和液-固界面作用的诸多物理现象。下面将介绍其中几种具有代表性的现象并用 Laplace 定律进行解释。

1. 液滴的移动

当两个气泡或液滴连接在一起时,会发生从小液滴到大液滴的流体流动现象,如图 2.2.3 所示。由 Laplace 定律可知,小液滴的内部压强 P_1 大于大液滴的内部压强 P_2,从而引起前者向后者的流动,这种流动将一直持续到小液滴消失为止。

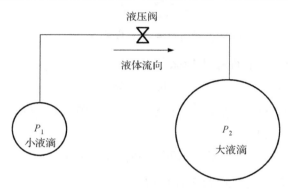

图 2.2.3　大小液滴流动示意图

2. 液滴在两平板间的运动

当运用 Laplace 定律时,要注意表面的曲率方向。凸曲面有两个正曲率半径,一个马鞍面有一个正曲率半径和一个负曲率半径。以水滴为例,假设液滴位于疏水带和亲水带的交点,结果是液滴在疏水带被压扁了,而在亲水带上却被拉长,如图 2.2.4 所示。

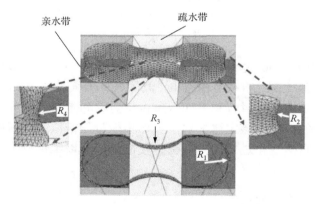

图 2.2.4　液滴在疏水带和亲水带的形貌仿真示意图

液滴的压强可由 Laplace 定律得到

$$P_\mathrm{d} - P_0 = \gamma\left(\frac{1}{R_1} + \frac{1}{R_2}\right) = \gamma\left(\frac{1}{R_3} + \frac{1}{R_4}\right) \tag{2.2.14}$$

式中，P_d 为液滴外部压强；R_1 为亲水带的水平曲率半径；R_2 为亲水带的垂直曲率半径；R_3 为疏水带的水平曲率半径；R_4 为疏水带的垂直曲率半径。

考虑到曲线的符号，需满足如下关系：

$$P_\mathrm{d} - P_0 = \gamma\left(\frac{1}{|R_2|} - \frac{1}{|R_1|}\right) = \gamma\left(\frac{1}{|R_4|} - \frac{1}{|R_3|}\right) \tag{2.2.15}$$

由于液体内压比外压大，即 $P_\mathrm{d}-P_0 < 0$，所以曲率需满足以下关系：

$$|R_2| > |R_1|, \quad |R_4| < |R_3| \tag{2.2.16}$$

可以用疏水带去"切割"液滴，这在基于液体的生化反应中非常有用。此时，曲率半径 R_3 必须足够小，以便让这两条凹接触线相互接触，利用疏水性来实现液滴分离。

2.3　润湿现象

润湿现象在日常生活中非常普遍，清晨荷叶上的露珠晶莹剔透，但是将它放置在干净的玻璃上即会铺开，使玻璃表面变湿；将一滴汞放在玻璃表面又会呈球状，不能铺开。商品中有宣传衣服为纳米材料制造的，具有"三防"功能，即防水、防尘和防油等，这些都与润湿现象密不可分。

广义上讲，表面上一种流体被另一种流体取代的过程称为润湿。也就是说润湿过程至少涉及三相，且至少二相为流体。在实际生活和科研中，润湿专指固体表面上气体被液体取代的过程。

2.3.1　润湿的类型

固体表面和液体表面的性质不同，液滴在平板上的分布也不同。在一定程度上，这也取决于液滴周围是气体还是液体。实际上，润湿可分为两类情况：一是液滴在平板表面形成一个凸起或凸面，称为部分润湿；二是液滴完全铺展在平板上，形成一个液体薄膜，称为完全润湿，如图 2.3.1 所示[9-11]。

在部分润湿情况下，可以虚拟出三条线分别在固-气、液-气和固-液界面，称为接触线或三相线，如图 2.3.1(a) 所示。当液体铺展在固体表面上时，系统的总能量会降低，这也符合自然界能量最低原理。固-气、液-气和固-液界面的表面张力分别记作 γ_SG、γ_LG 和 γ_SL，则表面扩展参数可表示为式(2.3.1)，该参数直接决定了液体在固体表面的润湿状态。

$$\gamma = \gamma_{SG} - (\gamma_{SL} + \gamma_{LG}) \tag{2.3.1}$$

如果 $\gamma > 0$，则液体在固体表面扩散，即完全润湿状态；如果 $\gamma < 0$，则液体形成液滴，即部分润湿状态。

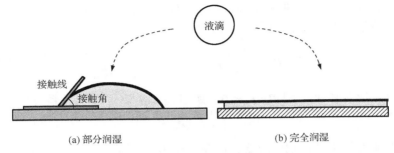

图 2.3.1　液滴放置在平板上的润湿效果

当液体没有在固体表面完全润湿时，就会在表面形成水滴状。此时，有两种情况：如果液体与固体的接触角小于 90°，则称液体是亲水的或在该固体表面是浸润的；如果液体与固体的接触角大于 90°，则称液体是疏水的或在该固体表面是非浸润的。图 2.3.2 为不同液体在不同平板上的浸润状态，可知液体是否润湿与固体表面的材料是密不可分的。

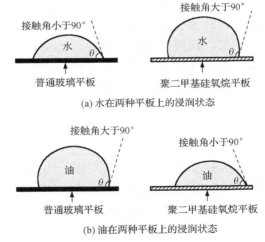

图 2.3.2　不同液体在不同平板上的浸润状态

2.3.2　Young 方程

表面张力的单位是 N/m，方向与界面相切。从单位上看，表面张力是单位长度上的力。液体在固体表面的形态是由表面张力决定的，假设某一液滴放置在平板上，在平衡态时，液滴静止，合力一定为零。使用直角坐标系，在平衡态时，x 轴上受力的投影为零，y 轴上受力的投影也为零，如图 2.3.3 所示，可得如下数学关系：

$$\gamma_{LG} \cos \theta = \gamma_{SG} - \gamma_{SL} \tag{2.3.2}$$

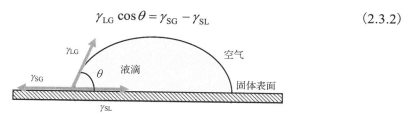

图 2.3.3　液体在平板上的平衡态

式 (2.3.2) 称为 Young 方程，它对理解液滴行为非常重要，更重要的是它表明液滴的接触角是由固-气、液-气和固-液界面的表面张力决定的。那么，某液滴在固体表面上的接触角可表示为

$$\theta = \arccos \frac{\gamma_{SG} - \gamma_{SL}}{\gamma_{LG}} \tag{2.3.3}$$

Young 方程可以更严格地从自由能最小化推导出来。假设液体在固体表面无限铺展开，则此时三相线可以忽略，由液体表面的变化导致的表面自由能的变化可由下式表示：

$$\begin{aligned} dW &= \gamma_{SL} dA_{SL} + \gamma_{SG} dA_{SG} + \gamma_{LG} dA_{LG} \\ &= (\gamma_{SL} - \gamma_{SG} + \gamma_{LG} \cos \theta) dA_{SL} \end{aligned} \tag{2.3.4}$$

在机械平衡时，$dW=0$，由于 dA_{SL} 不为 0，所以式 (2.3.4) 可表示为式 (2.3.5)，也就是 Young 方程：

$$\gamma_{SL} - \gamma_{SG} + \gamma_{LG} \cos \theta = 0 \tag{2.3.5}$$

在较为宏观的实验中观察到，即使在表面光滑和疏水条件下，沿着疏水侧壁仍有许多非常微小的气泡产生，这些气泡的大小一般介于微米和纳米尺度之间，尺寸通常是小于 200nm 的。此时，在计算内部压强时会出现矛盾，如果用 Young 方程来计算表面微小气泡存在时的内部压强，数量级会非常惊人，如式 (2.3.6) 所示：

$$P_i \approx \frac{\gamma}{R} \approx \frac{70 \times 10^{-3}}{200 \times 10^{-9}} \approx 5 \times 10^5 (\text{Pa}) \tag{2.3.6}$$

在这种压强下，气体会溶解，气泡就会迅速消失在液体中。那么，为什么这些气泡是稳定的呢，它又何以存在？从 Laplace 定律的角度来看，它们的表面张力应该小于宏观气泡，或其曲率半径应更大，因为没有一个可持续的内部压强使表面张力一直降低。然而，在这种尺度下，接触角的测量是非常棘手的。文献[3]的测量结果表明，纳米气泡具有非常平坦的形状，并且半径是高度的 5～20 倍。

这是因为在相同衬底下，微观的小气泡的接触角要比宏观的大气泡的接触角小得多，如图 2.3.4(a)所示。

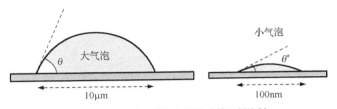

(a) 大气泡和小气泡模型(未按比例绘制)

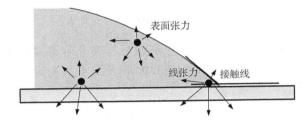

(b) 表面张力和线张力相互作用示意图

图 2.3.4　微观气泡模型

　　现在，问题已经从 Laplace 定律转移到 Young 方程。是什么改变了微观和宏观尺度下的 Young 方程呢？这个问题的答案尚不清楚。有研究者提出线张力的概念并对 Young 方程进行修正，似乎可以解释这一现象。Young 方程是基于三相线推导出来的，但其未考虑三相线附近分子的相互作用。

　　图 2.3.4(b)为表面张力和线张力相互作用示意图。液体和固体之间的相互作用不再局限在界面，在接触线附近其分子也会相互作用，即线张力的作用，因此就需要对 Young 方程加以修正，如下：

$$\gamma_{SG} = \gamma_{SL} + \gamma_{LG} \cos\theta^* + \frac{\gamma_{SLG}}{r} \tag{2.3.7}$$

式中，r 为接触半径；γ_{SLG} 为线张力；θ^* 为实际接触角。

　　此时，接触角在引入接触线后可表示为

$$\cos\theta^* = \cos\theta - \frac{\gamma_{SLG}}{r\gamma_{LG}} \tag{2.3.8}$$

　　对一个液滴来说，接触半径一般大于 10μm，此时接触线的影响可忽略不计，式(2.3.8)最后一项的数量级在 10^{-4}。但是当接触半径是微米或纳米量级时，就必须考虑接触线的影响[3, 12]。

2.3.3　附着功和内聚功以及 Young-Dupré 方程

1. 附着功

设想一个物体在表面上与另一个物体接触，如图 2.3.5 所示，表面能可表示为 $E_{12} = \gamma_{12}\Sigma$，其中 Σ 为表面积。

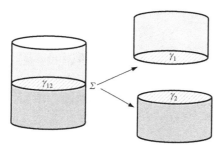

图 2.3.5　附着功原理

附着功是当接触表面积为 Σ 时，分离两个物体所需要的功。分离后的表面能如下式所示：

$$E = E_1 + E_2 = (\gamma_1 + \gamma_2)\Sigma \qquad (2.3.9)$$

因此，附着功可表达为

$$W_a = \gamma_1 + \gamma_2 - \gamma_{12} \qquad (2.3.10)$$

2. 内聚功

内聚功也是由同样方法得到的，一个物体均匀分裂成两个物体，如图 2.3.6 所示。因此，可推得

$$W_c = 2\gamma_1 \qquad (2.3.11)$$

也就是说，表面能是内聚功的 1/2。

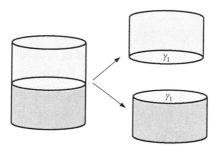

图 2.3.6　内聚功原理

3. Young-Dupré 方程

液体和固体间附着功原理如图 2.3.7 所示。将 $\gamma_1 = \gamma_{LG} = \gamma$、$\gamma_2 = \gamma_{SG}$ 和 $\gamma_{12} = \gamma_{SL}$ 代入式 (2.3.10)，可得

$$W_a = \gamma + \gamma_{SG} - \gamma_{SL} \tag{2.3.12}$$

将 Young 方程代入其中可得到 Young-Dupré 方程，即

$$W_a = \gamma(1 + \cos\theta) \tag{2.3.13}$$

对于超疏水接触，$\theta = \pi$，$\cos\theta = -1$，则 $W_a = 0$，即从固体中分离超疏水液体是不做功的。具体来说，一滴水可在超疏水表面自由地滚动。Young-Dupré 方程也表明，液体与固体之间疏水性（非润湿性）越强，附着功就越小。

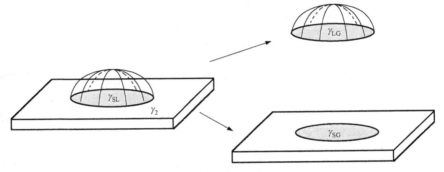

图 2.3.7　液体和固体间附着功原理

2.3.4　接触角滞后和动态接触角

1. 接触角滞后

Young 方程中的接触角是指静态接触角，但即使是静态，有时也得不到一致的测量数值。例如，水在金箔表面的接触角，测量结果一般在 0°~86°，这是因为测量过程中有许多干扰因素。在大多数实际体系中，接触角大小与液体在固体表面上是趋向于前进还是后退有关。恰好在润湿线运动之前和运动刚停止时的极限接触角分别称为前进接触角和后退接触角，分别以 θ_A 和 θ_R 表示，通常 $\theta_A > \theta_R$，两者之差 $\theta_A - \theta_R$ 称为滞后接触角。有研究表明，在平整、均匀和洁净的固体表面上测得的前进接触角和后退接触角完全相等，即液体在平衡时接触角只有一个。因此，接触角滞后是由表面的非均匀性和不平整等因素造成的。

任何实际的固体表面看似平整，但实际上都是粗糙不平的，在显微镜下可以

观察到凹陷或凸起。当固体表面不平整时，固体的实际表面积将比理想光滑表面所计算的表面积大很多。两者之比用 τ 表示，称为粗糙因子。τ 越大，说明固体表面越粗糙。对于粗糙表面，理想光滑表面的 Young 方程不再适用，必须进行如下校正：

$$\tau(\gamma_{SG} - \gamma_{SL}) = \gamma_{LG} \cos\theta' \tag{2.3.14}$$

式中，θ' 为粗糙表面上测得的接触角。

与光滑表面上的 Young 方程做比，可得到 Wenzel 方程：

$$\tau = \frac{\cos\theta'}{\cos\theta} \tag{2.3.15}$$

式 (2.3.15) 表明，$\cos\theta'$ 的绝对值总是大于 $\cos\theta$ 的绝对值。对于 $\theta < 90°$ 的体系，表面粗糙导致接触角变小；对于 $\theta > 90°$ 的体系，表面粗糙导致接触角变大。

表面不均匀也是导致接触角滞后的一个因素。例如，当表面成分中的一部分与液体亲和力较大，而另一部分与液体亲和力较小时，前进接触角反映与液体亲和力小的那部分表面的润湿性，后退接触角反映与液体亲和力大的那部分表面的润湿性。

表面污染往往会造成表面的不均匀和微小缺陷，也将导致接触角滞后。例如，在干净的玻璃表面上，水能铺展，接触角为零；但当玻璃被污染后，水可能不再铺展，并显示出前进接触角和后退接触角不等，即有接触角滞后。雨天窗户上的水滴和雨衣上的水珠也经常表现出接触角滞后的现象。表面污染的根源是固体和液体表面的吸附作用，如吸附被污染的空气中的某些组分，吸附导致了界面张力的变化，根据 Young 方程可知，接触角将发生变化。所以，在研究接触角时要严防表面污染。

2. 动态接触角

以上讨论的是静态接触角，在实际过程中常常涉及动态润湿问题。动态润湿过程中的接触角称为动态接触角，即动态前进接触角和动态后退接触角，分别以 θ_{DA} 和 θ_{DR} 来表示。在动态润湿过程中往往希望一种流体取代固体表面上另一种流体的速度越快越好，因此动态接触角应尽可能小。在自铺展和强制铺展过程中，可以观察到动态前进接触角和动态后退接触角及其变化，如图 2.3.8 所示。

第一种情况：在毛细管中充入液体，如图 2.3.8(a) 所示，此时动态接触角为 θ_S；当加压使液体向右运动时，就会产生动态前进接触角和动态后退接触角，如图 2.3.8(b) 所示。第二种情况：使液体从毛细管中挤出，并与固体表面接触。当液体和固体都不运动时，得到静态接触角，如图 2.3.8(c) 所示；若使固体表面向右运动，则产生动态前进接触角（液体左边缘与上表面的夹角）和动态后退接触角（液体右边缘与上表面的夹角），如图 2.3.8(d) 所示。

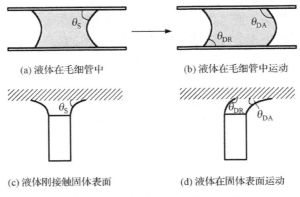

(a) 液体在毛细管中　　　　　　　　　　(b) 液体在毛细管中运动

(c) 液体刚接触固体表面　　　　　　　　(d) 液体在固体表面运动

图 2.3.8　动态接触角变化示意图

　　与静态接触角相比，通常动态前进接触角增大，而动态后退接触角减小，并且其增大或减小的幅度与液-固两相的相对运动速度有关。一般 θ_{DA} 随相对运动速度增加而增大，而 θ_{DR} 随相对运动速度增加而减小，具体关系取决于体系中固-液两相的性质。

2.3.5　固体表面的润湿性

　　由于测定固体表面张力具体数值比较困难，所以通常将固体分成两大类，即高能表面和低能表面。熔点高和硬度大的金属、金属氧化物、硫化物和无机盐等离子型固体，其表面能通常比一般液体高得多，可达几百到几千毫焦每平方米，属于高能表面范畴，能被一般的液体所润湿。而固体有机物如碳氢化合物、碳氟化合物以及聚合物等的表面能与一般的液体所差无几，属于低能表面范畴。它们能否被液体所润湿，取决于固-液两相的成分和性质。

　　高能表面通常能被一般的液体所铺展。例如，水和油等液体能在干净的金属或玻璃表面上完全铺展。然而，有些液体虽然表面张力并不大，但在高能表面上不能铺展。究其原因，是这些液体在高能表面上发生吸附而改变了固体表面的原有性质。吸附使液体分子在固体表面形成一层定向排列的吸附层，液体分子以碳氢链朝向空气，致使原来的高能表面变成了低能表面，以至于吸附液体本身也不能在其表面铺展，这种现象称为高能表面上的自憎现象。

　　研究表明，固体表面的润湿性主要取决于表面层原子或原子团的性质及其排列情况，与固体内部性质无关。例如，玻璃或金属表面虽是高能表面，但若吸附一层表面活性剂单层，则表面活性剂分子以碳氢链朝向空气定向排列，使高能表面变成低能表面。另外，对于高分子固体，当碳氢链中掺杂其他原子时，其润湿性也明显改变。

2.4　毛　细　现　象

毛细力对于理解微观尺度上液体的运动形变非常重要。自然界中有很多毛细现象的实例，如图 2.4.1 所示。昆虫的腿是疏水的，因此不会穿透水面，它们可以在水面驻足，此时它们的体重和表面张力是平衡的，如图 2.4.1 (a) 所示。不仅如此，据观察，一些昆虫可以在倾斜水面行走，科学家基于毛细力给出了相应解释：在毛细力的作用下，水面会形成复杂的弯月面，足以形成较强的表面张力支撑昆虫的体重。在生活中，将"纸花"放在有染料的杯子中，"纸花"会形成渐变的颜色，这也是由于毛细力的作用，如图 2.4.1 (b) 所示。生活中用的毛巾也是如此，如果没有毛细力的存在，毛巾将无法吸水。除此之外，在微流体领域，毛细力也占主导地位，在微流控芯片中，可利用毛细力驱动液体运动或形变，实现预先设计的芯片功能。

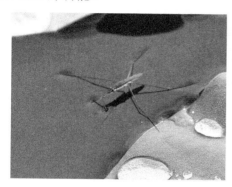

(a) 昆虫在水面驻足　　　　　　　　(b) "纸花"的颜色浸染

图 2.4.1　自然界中的毛细现象

2.4.1　两平板间的毛细作用

在两平板间填充一层非常薄的液体层，当两平板间的液体薄膜使平板极具黏性时，两平板将非常难分开，如图 2.4.2 (a) 所示。可以看出，液体层在接触面会形成一个凹形的半月面，形成原因是表面自由能最低原理。

以右侧液面为例，将接触曲面近似看成圆面，其曲率半径定义为 r_1，此时的接触角记作 θ，如图 2.4.2 (b) 所示，则有如下几何关系：

$$r_1 \sin\left(\frac{\pi}{2} - \theta\right) = \frac{h}{2} \tag{2.4.1}$$

式中，h 为两平板的间距。

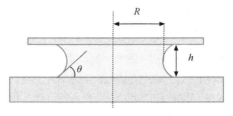

(a) 两平板间的毛细作用

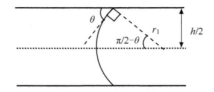

(b) 平板间毛细作用的数学模型

图 2.4.2　两平板间的毛细作用原理

根据 Laplace 定律，此状态下有如下数学关系：

$$\Delta P = \gamma \left(\frac{1}{R} - \frac{2\cos\theta}{h} \right) \tag{2.4.2}$$

在式 (2.4.2) 中，由于界面呈凹面形状，其数学表达为负号。因为液体薄膜非常薄，即 γ/R 趋近于零，此时式 (2.4.2) 可近似改写为

$$\Delta P \approx -\frac{2\gamma\cos\theta}{h} \tag{2.4.3}$$

两平板间的毛细力 F_c 可近似表达为

$$F_c \approx -\frac{2\gamma\cos\theta}{h}\pi R^2 \tag{2.4.4}$$

若 h=10μm、R=1cm，毛细力 F_c 竟可达到 2.5N，该力足以拎起一瓶 250mL 的矿泉水。

2.4.2　毛细管液体的上升

当一系列毛细管浸入某一润湿液体时，在毛细力的作用下液体在毛细管中发生不同程度的上升，如图 2.4.3(a) 所示，可观察到液体上升高度同毛细管直径成反比。毛细管液体上升原理的数学模型如图 2.4.3(b) 所示。

历史上有许多科学家研究过这种现象，从 Vinci 到 Hauksbee，再到 Jurin，研究者对毛细管液体上升做了深入研究，最终由 Jurin 总结前人研究成果发表了著名的 Jurin 定律。

(a) 液体在毛细管中的上升

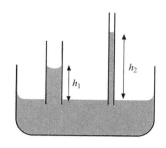
(b) 毛细管液体上升原理数学模型

图 2.4.3 毛细管液体上升实验及原理

利用能量最低原理，可以得出一个结论：如果非浸润管壁的表面能大于浸润管壁的表面能，则液体会向非浸润管壁方向爬升。进行如下定义：

$$I = \gamma_{SG} - \gamma_{SL} \tag{2.4.5}$$

当 $I > 0$ 时，液体将在毛细管中上升，反之液体会在毛细管中下降。因此，一般称 I 为浸润判定标准。若把 Young 方程代入式(2.4.5)，则可得

$$I = \gamma \cos\theta \tag{2.4.6}$$

当液体在管内上升时，由于液体上升，系统的势能增加；同时，由于表面能降低，毛细管的能量也随之降低。当达到平衡态时，液体总能量 E 有如下关系：

$$
\begin{aligned}
E &= \frac{1}{2}\rho g h V_1 - S_c I \\
&= \frac{1}{2}\rho g h (\pi R_i^2 h) - 2\pi R_i h I \\
&= \frac{1}{2}\rho g \pi R_i^2 h^2 - 2\pi R_i h \gamma \cos\theta
\end{aligned}
\tag{2.4.7}
$$

式中，ρ 为液体密度；g 为重力加速度；h 为液体高度；V_1 为液体体积；S_c 为液体表面积；γ 为液体表面张力；R_i 为毛细管的半径。

值得注意的是，式(2.4.7)中未考虑半月面的高度，这里仅取平均高度。在平衡态时，应满足如下条件：

$$\frac{\partial E}{\partial h} = 0 \tag{2.4.8}$$

将式(2.4.7)代入式(2.4.8)，可得上升高度 h 为

$$h = \frac{2\gamma \cos\theta}{\rho g R_i} \tag{2.4.9}$$

式(2.4.9)称为 Jurin 定律。从式(2.4.9)也可得出，毛细管液体上升和管道半径成反比。实际上，毛细管内液体也可以降低到外部液面以下，这种情况发生在 $\theta > 90°$ 时。液体在毛细管中能上升的最大高度是在 $\theta=0°$ 时，此时最大高度 $h_{max}=2\gamma/(\rho gh)$。

在微流体中，目前使用的毛细管的直径一般约为 100μm，如果浸入的液体是水(表面张力 γ =72mN/m)，取 $\cos\theta$ 为 1/2，则毛细管中液体上升约为 14cm，这在微型元件或微流控领域中是非常重要的，可以利用毛细力在芯片或微小型元件中驱动液体。

式(2.4.9)表征了液体在毛细管中的上升情况。在最后达到平衡态时，毛细力的大小必须平衡上升液体的重力 G_l，即

$$G_l = \rho g \pi R_i^2 h \tag{2.4.10}$$

将式(2.4.9)代入式(2.4.10)可得到毛细力 F_c 的大小，即

$$F_c = 2\pi R_i \gamma \cos\theta \tag{2.4.11}$$

由式(2.4.11)可知，毛细力 F_c 是线张力 $f_l = \gamma\cos\theta$ 的 $2\pi R_i$ 倍，如图 2.4.4(a)所示。值得注意的是，线张力 f_l 和浸润判定标准 I 是等效的，即

$$f_l = \gamma\cos\theta = I \tag{2.4.12}$$

当 $f_l > 0$ 时，液体在毛细管内上升；当 $f_l < 0$ 时，液体在毛细管内下降。值得注意的是，液体在毛细管内上升并不是十分精确的，因为在液体外部也有毛细力作用。R_i 和 R_e 分别是毛细管内、外液体界面的曲率半径，相应表面张力大小如图 2.4.4(b)所示。

要想推导出液体在毛细管内的上升公式，首先要得出管内液体体积的控制方程，管内液体的受力分析如图 2.4.4(c)所示。要维持管中的受力平衡，就需要满足

$$G_c = F_P - F_A + F_{c,i} + F_{c,e} \tag{2.4.13}$$

式中，G_c 为毛细管重力；F_P 为作用在截面的大气压力；F_A 为浮力；$F_{c,i}$ 和 $F_{c,e}$ 分别为施加在固体上的内、外毛细力。

因此，可得

$$G_c = F_P - F_A + 2\pi R_i \gamma\cos\theta + 2\pi R_e \gamma\cos\theta \tag{2.4.14}$$

式(2.4.14)表示毛细管重力是表面张力 γ 的函数，基于此公式也可以测量液体表面张力的大小。

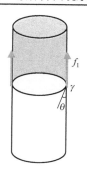

(a) 毛细力作用示意图

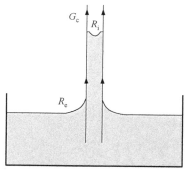

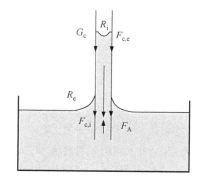

(b) 液体外部毛细力作用示意图　　　　　　(c) 管内液体的受力分析

图 2.4.4　毛细力数学分析示意图

2.4.3　竖直平板间的毛细上升

对于两个竖直平板间的半月面，也可以做同样的推论，如图 2.4.5 所示。

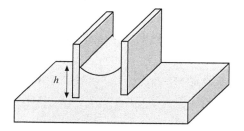

图 2.4.5　竖直平板间的毛细上升示意图

若两平板的间隔 $d=2R$，则很容易得到

$$h=\frac{\gamma\cos\theta}{\rho gR}\qquad\qquad(2.4.15)$$

若定义毛细长度 λ 为

$$\lambda = \sqrt{\frac{\gamma}{\rho g}} \tag{2.4.16}$$

将式(2.4.16)代入式(2.4.15)可得

$$h = \lambda^2 \frac{\cos\theta}{R} \tag{2.4.17}$$

这里需注意的是，圆柱体和两个平行平板的公式推导及表达式是相似的。如果引入一个形状系数 c，设定圆柱形或圆锥形 $c=2$，平行平板或楔形板 $c=1$，就可以得到一个更为普遍的公式：

$$h = c\gamma^2 \frac{\cos\theta}{R} \tag{2.4.18}$$

式中，R 为圆柱体的半径或是平行平板之间距离的 1/2。

参 考 文 献

[1] 周鲁. 物理化学教程[M]. 3 版. 北京：科学出版社，2012.

[2] 姚允斌，朱志昂. 物理化学教程[M]. 长沙：湖南教育出版社，1991.

[3] Berthier J. Micro-Drops and Digital Microfluidics[M]. 2nd ed. Amsterdam: Elsevier, 2013.

[4] Pismen L M, Rubinstein B Y, Bazhlekov I. Spreading of a wetting film under the action of van der Waals forces[J]. Physics of Fluids, 2000, 12(3): 480-483.

[5] 赵国玺. 表面活性剂物理化学[M]. 北京：北京大学出版社，1984.

[6] 崔正刚，殷福珊. 微乳化技术及应用[M]. 北京：中国轻工业出版社，1999.

[7] 崔正刚. 表面活性剂、胶体与界面化学基础[M]. 北京：化学工业出版社，2013.

[8] 李葵英. 界面与胶体的物理化学[M]. 哈尔滨：哈尔滨工业大学出版社，1998.

[9] 尚仰震. 物理化学与胶体化学[M]. 成都：四川科学技术出版社，1986.

[10] 侯海云，韩兴刚，冯朋鑫. 表面活性剂物理化学基础[M]. 西安：西安交通大学出版社，2014.

[11] 林炳承. 微纳流控芯片实验室[M]. 北京：科学出版社，2013.

[12] 李战华，吴健康，胡国庆，等. 微流控芯片中的流体流动[M]. 北京：科学出版社，2012.

第 3 章　液滴的物理特性

液体光子器件中有一个重要的研究分支就是通过操控液滴来实现某种特殊光电性能，例如，通过对染色液滴的位置进行实时操控，实现滤光或光开关的功能。对液滴物理特性的研究是实现液滴操控的基础，对比一般的流体力学，在这个尺度下，液滴行为表现出非常特殊的特征。表面张力和毛细力共同控制微系统中液滴的形状和位置，其中表面张力占主导地位，表面张力的大小不仅取决于液滴的物化性质，也受到液滴中胶体的组成成分的影响。此外，平板材料的化学性质也会对液滴的操控、运动和蒸发产生重要影响。本章将介绍不同状态下液滴的形状与特性，并基于 Wenzel 和 Cassie 定律详细分析液滴的运动情况，同时也将详细介绍液滴的蒸发现象和理论。本章关于液滴物理特性的介绍都是假设液滴以足够低的速度运动，这样可以忽略惯性力的作用。

3.1　液滴的形状与特性

液滴在不同的界面上会呈现不同的形状和物理特性，在控制液滴运动或性质时，就需要针对不同的界面性质，使用不同的驱动或操控方式。本节主要介绍液滴在平板上、平板间和液体表面时的形状及相应的物理特性。

3.1.1　平板上液滴的附着

生活中很容易观察到，大液滴在平板上呈扁平状，而小液滴呈球形，这与重力和表面张力之间的平衡有关，如图 3.1.1 所示。对于微观小液滴，重力远远小于表面张力；对于形状较大的液滴，则是两种力平衡的结果。这两种状态的临界长度 l 称为毛细长度。这个长度由 Laplace 压力 P_L 和液体静压力 P_H 的比值决定，即[1,2]

$$\frac{\Delta P_\mathrm{L}}{\Delta P_\mathrm{H}} \approx \frac{\gamma / l}{\rho g l} \tag{3.1.1}$$

式中，γ 为表面张力；ρ 为液滴的密度；g 为重力加速度。

临界状态下 Laplace 压力和液体静压力相等，可得

$$l \approx \sqrt{\frac{\gamma}{\rho g}} \tag{3.1.2}$$

当液滴的线长度小于毛细长度时，液滴在平面形成半球状。当液滴的线长度大于毛细长度时，液滴会在平面铺展，无法形成半球状。

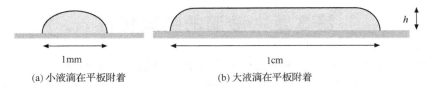

(a) 小液滴在平板附着　　　　　　　　　(b) 大液滴在平板附着

图 3.1.1　小液滴和大液滴在平板上的附着（未按比例绘制）

由式(3.1.2)可以推导出毛细长度 l 与液滴半径 R 之间的关系，Bo 为无量纲因数——邦德数，邦德数的物理含义与毛细长度相同，即

$$Bo = \frac{\rho g R^2}{\gamma} \tag{3.1.3}$$

下面将分别介绍高邦德数和低邦德数下液滴的物理模型和化学性质。

1. 高邦德数液滴$(Bo \gg 1)$

高邦德数液滴的数学模型如图 3.1.2 所示，液滴所受表面张力 γ 可表示为

$$\gamma = \gamma_{SG} - (\gamma_{SL} + \gamma_{LG}) \tag{3.1.4}$$

式中，γ_{SG}、γ_{SL} 和 γ_{LG} 分别为固-气界面、固-液界面和液-气界面之间的表面张力。

同时，液滴的静压力 F^* 可表示为

$$F^* = \int_0^h \rho g (h-z) \mathrm{d}z = \frac{1}{2} \rho g h^2 \tag{3.1.5}$$

式中，h 为液滴铺展的高度。

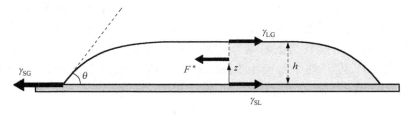

图 3.1.2　高邦德数液滴的数学模型

当液滴处在平衡态时，合力为零，即 $\gamma + F^* = 0$，由式(3.1.4)和式(3.1.5)可得

$$\frac{1}{2} \rho g h^2 + \gamma_{SG} - (\gamma_{SL} + \gamma_{LG}) = 0 \tag{3.1.6}$$

引入 Young 方程：

$$\gamma_{SG} - \gamma_{SL} = \gamma_{LG} \cos\theta \tag{3.1.7}$$

将式(3.1.7)代入式(3.1.6)，可得

$$\gamma_{LG}(1 - \cos\theta) = \frac{1}{2}\rho g h^2 \tag{3.1.8}$$

将二倍角公式代入式(3.1.8)，可最终得到

$$h = 2\sqrt{\frac{\gamma_{LG}}{\rho g}} \sin\frac{\theta}{2} = 2l\sin\frac{\theta}{2} \tag{3.1.9}$$

式(3.1.9)表明大液滴的高度与毛细长度成正比。例如，毛细长度为 2mm 的液滴(如汞液滴)，其高度将小于 4mm。

2. 低邦德数液滴($Bo \ll 1$)

如前所述，低邦德数液滴具有球形盖的形态，此时只考虑表面张力，是表面能最小的状态。图 3.1.3(a)和(b)分别为液滴在非润湿界面和润湿界面的形貌图[3-5]。

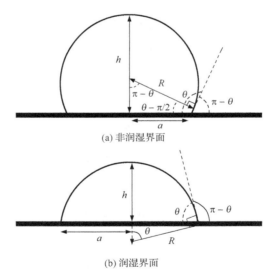

(a) 非润湿界面

(b) 润湿界面

图 3.1.3　液滴在界面的形貌示意图

从图 3.1.3 可以得到以下关系式：

$$h = R + R\cos(\pi - \theta) = R(1 - \cos\theta) \tag{3.1.10}$$

$$a = R\sin(\pi - \theta) = R\sin\theta \tag{3.1.11}$$

$$|h - R| = \sqrt{R^2 - a^2} \tag{3.1.12}$$

式中，h、R 和 a 分别为液滴的高度、曲率半径和在平面的铺展半径。

将式(3.1.12)代入式(3.1.10)和式(3.1.11)，可得

$$h = a\frac{1-\cos\theta}{\sin\theta} = a\tan\left(\frac{\theta}{2}\right) \tag{3.1.13}$$

根据几何关系可得液滴体积 V 的计算公式为

$$V = \int_{R-h}^{R} \pi r^2 \mathrm{d}z = \int_{R-h}^{R} \pi(R^2 - z^2)\,\mathrm{d}z = \frac{\pi h^2}{3}(3R - h) \tag{3.1.14}$$

基于式(3.1.10)~式(3.1.14)可得到体积的不同表达方法：

$$V(a,h) = \frac{\pi}{6}h(3a^2 + h^2) \tag{3.1.15}$$

$$V(a,R) = \frac{\pi}{6}\left(R \pm \sqrt{R^2 - a^2}\right)\left[3a^2 + \left(R \pm \sqrt{R^2 - a^2}\right)^2\right] \tag{3.1.16}$$

3. 液滴的表面积

要想得到液滴的表面积 A，就要将液滴简化为合适的物理模型。球冠是通过旋转一段半径而得到的对称形状，更普遍而言，是由任意曲线 $y=f(x)$ 绕着 x 轴旋转一周而得到的，旋转得到的表面积为

$$A = 2\pi \int f(x)\sqrt{1 + [f'(x)]^2}\,\mathrm{d}x \tag{3.1.17}$$

对于液滴，定义其由曲线 $r=f(z)$ 沿 z 轴旋转一周得到，可得液滴表面积为

$$A = 2\pi \int r\sqrt{1 + r'^2}\,\mathrm{d}z \tag{3.1.18}$$

基于式(3.1.10)~式(3.1.14)仍可得出以下公式：

$$A(R,h) = 2\pi Rh \tag{3.1.19}$$

$$A(\theta,h) = \frac{2\pi h^2}{1 - \cos\theta} \tag{3.1.20}$$

$$A(a,h) = \pi(a^2 + h^2) \tag{3.1.21}$$

$$A(a,\theta) = \frac{2\pi a^2}{1 + \cos\theta} \tag{3.1.22}$$

液滴的表面能也可由表面张力与液滴的表面积的乘积来表示：

$$E_\mathrm{s} = \gamma A \tag{3.1.23}$$

3.1.2　平板间液滴的状态

在微流控芯片或其他电润湿器件中，液滴经常处于两平行平板间，因此对于平板间液滴状态的研究非常重要。本节着重考虑的是液滴在两平板间的开口(δ)非常小的情况，基本为 50～500μm，此时邦德数可表达为

$$Bo = \frac{\rho g \delta^2}{\gamma} \qquad (3.1.24)$$

一般邦德数都小于 0.1，此时液滴在平板上的形状为圆形，这也是我们日常生活所见的。

1.　液滴介于两平行平板之间的形貌

将液滴压在两平行平板之间，这时需要考虑液滴与上下平板的润湿情况来判断其在两平行平板间的形貌特征，基于有限元软件的仿真结果如图 3.1.4 所示。当液滴与上下平板均不润湿时，液滴为双凸形状，如图 3.1.4(a)所示；当液滴与上下平板均部分润湿时，液滴为双凹形状，如图 3.1.4(b)所示；当液滴与上平板部分不润湿与下平板部分润湿时，不同表面张力的液滴形状如图 3.1.4(c)和(d)所示[6-10]。

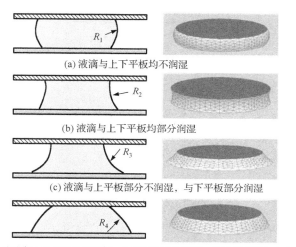

(a) 液滴与上下平板均不润湿

(b) 液滴与上下平板均部分润湿

(c) 液滴与上平板部分不润湿，与下平板部分润湿

(d) 液滴与上平板部分不润湿，与下平板部分润湿，但液滴表面张力改变

图 3.1.4　液滴在两平行平板间的形貌示意图

由于液滴非常小，无论是以上哪种情况，都可以将液滴表面当作圆弧面近似处理，基于此也将很方便地计算液滴的体积。

2. 液滴界面的曲率半径

这里的液滴界面指液滴和空气之间的界面，由 Laplace 定律可知，气压使得液滴形成两个曲率半径，如图 3.1.5 所示。

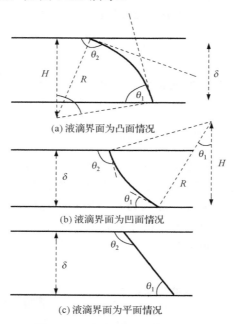

(a) 液滴界面为凸面情况

(b) 液滴界面为凹面情况

(c) 液滴界面为平面情况

图 3.1.5　液滴界面的数学模型

从图 3.1.5(a)可得以下数学关系：

$$R\cos\theta_1 = H - \delta \tag{3.1.25}$$

式中，R 为液滴的曲率半径；δ 为两平行平板间隔；H 为液滴曲率半径中心与上平板之间的距离。

同理，可得

$$R\cos(\pi - \theta_2) = -R\cos\theta_2 - H \tag{3.1.26}$$

式中，θ_1 和 θ_2 分别为液滴与上、下平板之间的接触角。

从式(3.1.25)和式(3.1.26)可推导曲率半径 R 为

$$R = -\frac{\delta}{\cos\theta_1 + \cos\theta_2} \tag{3.1.27}$$

液滴界面为凹面时的情况如图 3.1.5(b)所示，同理，可依据上面的推导得到曲率半径为

$$R = \frac{\delta}{\cos\theta_1 + \cos\theta_2} \tag{3.1.28}$$

3. 平行平板间液滴的体积

当液滴在平行平板间时，液滴体积的数学模型如图 3.1.6 所示。由于液滴、空气和固体接触面之间的表面张力作用，液滴形成双凸形状。其中，R_h 是液滴在水平方向上的半径，r 为液滴凸起界面的曲率半径，a 为液滴在平行平板间的铺展半径。

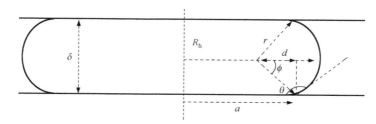

图 3.1.6 　 液滴在平行平板间体积数学模型

在液滴内部曲率半径 r 可表示为

$$\cos\theta = -\sin\phi = -\frac{\delta/2}{r} \tag{3.1.29}$$

另外，由图 3.1.6 的数学关系可知

$$\sin\theta = \cos\phi = \frac{d}{r} \tag{3.1.30}$$

因此，由式 (3.1.29) 和式 (3.1.30) 可得

$$d = -\frac{\delta}{2}\tan\theta \tag{3.1.31}$$

$$a = R_h - r + d = R_h + \frac{\delta}{2}\frac{1-\sin\theta}{\cos\theta} \tag{3.1.32}$$

为化简方程，引入泰勒展开式，可知

$$\lim_{\theta \to \pi/2}\frac{1-\sin\theta}{\cos\theta} \approx \frac{-[(\pi/2)-\theta]^2}{(2!)[(\pi/2)-\theta]} = 0 \tag{3.1.33}$$

液滴的体积 V 可由下式计算：

$$V = 2\int_0^{\delta/2} \pi \tilde{R}^2(y)\mathrm{d}y \tag{3.1.34}$$

式中，$\tilde{R}(y)$ 为液滴在垂直方向 y 处的半径，可表达为

$$\tilde{R}^2(y) = R_h - r + \sqrt{r^2 - y^2} \tag{3.1.35}$$

代入式(3.1.34)可得液滴体积为

$$V = 2 \int_0^{\delta/2} \pi \left(R_h - r + \sqrt{r^2 - y^2} \right)^2 \mathrm{d}y \tag{3.1.36}$$

进一步化简可得

$$V = 2\pi \left\{ (R_h^2 - 2R_h r + 2r^2) \frac{\delta}{2} - \frac{\delta^3}{24} + (R_h - r)r^2 \left[\theta - \frac{\pi}{2} + \frac{\sin(2\theta - \pi)}{2} \right] \right\} \tag{3.1.37}$$

3.1.3　液体表面液滴的状态

在第 2 章已经介绍了 Young 方程，它的推导都是基于表面张力水平方向上的投影，但是在实际情况中，液滴在固体或气体界面时，表面张力不仅出现在水平方向上，在竖直方向上同样存在。假设液滴 L_2 的密度小于液体 L_1 的密度，且两种液体互不润湿，则液滴 L_2 将会悬浮在液体 L_1 上，如图 3.1.7 所示。这时不仅要考虑水平方向的表面张力，也应考虑垂直方向的表面张力，此时的结构也称为 Neumann 结构。在平衡态时，仍有

$$\gamma_{L_1 L_2} + \gamma_{L_1 G} + \gamma_{L_2 G} = 0 \tag{3.1.38}$$

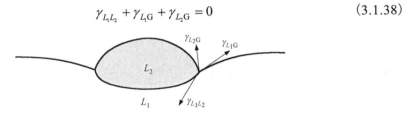

图 3.1.7　液滴悬浮液体表面的数学模型

悬浮液滴的位置取决于三种表面张力和不同液体的密度。当液滴表面张力大于液体表面张力时，液滴几乎悬浮在液体表面，如图 3.1.8(a) 所示。当液滴表面张力和浮力平衡时，液滴部分浸润在液体中，如图 3.1.8(b) 所示。图 3.1.9(a) 和图 3.1.9(b) 分别是液滴为水、液体为硅油和液滴为硅油、液体为水的润湿仿真示意图[11-14]。

(a) 液滴表面张力大于液体表面张力　　　　(b) 液滴表面张力和浮力平衡

图 3.1.8　液滴在液体表面形貌仿真示意图

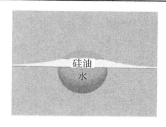 

(a) 液滴为水、液体为硅油　　　　　(b) 液滴为硅油、液体为水

图 3.1.9　不同材料下液滴和液体润湿的仿真示意图

3.2　非光滑表面上液滴的状态

第 2 章推导的 Young 方程最基本的假定是在理想的光滑表面上，然而自然界没有哪个表面是理想光滑的，就需要对 Young 方程进行修正。本节将着重介绍在非光滑表面上液滴的状态和相应描述方程。

3.2.1　Wenzel 定律

固体壁面的粗糙程度改变了液体和固体之间的接触情况，但这不是仅靠直觉评判的，为了方便研究，需要将表面的粗糙程度放大。假设 θ^* 是在粗糙表面的接触角，θ 是在光滑表面的接触角，其他条件保持不变。在这里表面的粗糙程度是微小的，也就是说肉眼观察是光滑的，显微镜观察是粗糙的，否则会有无穷多的接触角，将无法继续研究。

假设液滴在粗糙表面上的接触线移动一段微小距离 dx，如图 3.2.1 所示。此时，液滴对外做的总功为

$$dW = \sum F \cdot dl = \sum F_x dx = (\gamma_{SL} - \gamma_{SG})\mu dx + \gamma_{LG}\cos\theta^* dx \tag{3.2.1}$$

式中，μ 为粗糙程度。根据定义，$\mu > 1$，那么能量 E 的变化量为

$$dE = dW = (\gamma_{SL} - \gamma_{SG})\mu dx + \gamma_{LG}\cos\theta^* dx \tag{3.2.2}$$

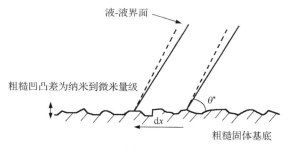

图 3.2.1　粗糙表面的液体接触角模型

事实上，假定液滴在受到一个微扰动后仍保持平衡，即立刻停止在某一位置，这时仍满足能量最低原理，即

$$\frac{\mathrm{d}E}{\mathrm{d}x}=0 \tag{3.2.3}$$

因此，可得如下关系：

$$\gamma_{\mathrm{LG}}\cos\theta^*=(\gamma_{\mathrm{SG}}-\gamma_{\mathrm{SL}})\mu \tag{3.2.4}$$

根据 Young 方程，对比液滴在光滑固体表面的情况，有如下公式：

$$\gamma_{\mathrm{LG}}\cos\theta=\gamma_{\mathrm{SG}}-\gamma_{\mathrm{SL}} \tag{3.2.5}$$

可得 Wenzel 定律，即

$$\cos\theta^*=\mu\cos\theta \tag{3.2.6}$$

若 $\mu>1$，则式（3.2.6）可简化为

$$\left|\cos\theta^*\right|>\left|\cos\theta\right| \tag{3.2.7}$$

因此可以得到以下推论，当处于疏水状态时，$\theta>90°$，那么 θ^* 更大于 90°，此时液滴在粗糙表面变得更疏水，如图 3.2.2(a) 和 (b) 所示；当处于亲水状态时，$\theta<90°$，那么 θ^* 更小于 90°，此时液滴在粗糙表面变得更亲水了。也就是说，粗糙表面增强了界面的疏水性或亲水性[6-9]，如图 3.2.2(c) 和 (d) 所示。

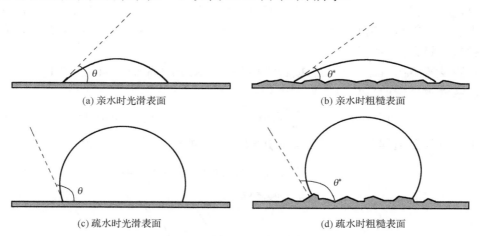

(a) 亲水时光滑表面　　　　　　　　　　　　　(b) 亲水时粗糙表面

(c) 疏水时光滑表面　　　　　　　　　　　　　(d) 疏水时粗糙表面

图 3.2.2　粗糙表面下的液体接触角变化

仍需注意的是，相比于液滴的尺度，粗糙的凹凸程度很小，如果两者量级相近，那么液滴的接触角将会变成动态的，即有多个接触角，此时液滴也无法保持对称状态，如图 3.2.3 所示。

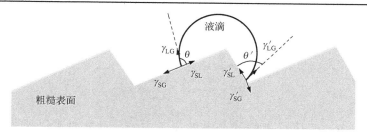

图 3.2.3　表面粗糙程度和液滴近似时的界面模型

3.2.2　Cassie-Baxter 定律

Cassie 模型是化学表面不均匀的模型，可以用研究 Wenzel 定律的方法来研究 Cassie 模型。研究的前提条件为化学的不均匀尺度小于液滴的尺度。为简单起见，认为化学表面是由两种材料交替线性组成的，如图 3.2.4 所示。

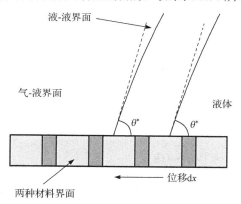

图 3.2.4　基底为两种材料的界面模型

假设 θ_1 和 θ_2 分别是液滴位于两种材料上的接触角，γ_1 和 γ_2 分别是两种材料的表面张力，当液滴在界面上移动微小距离时，能量变化为

$$dE = dW = (\gamma_{SL} - \gamma_{SG})_1 \gamma_1 dx + (\gamma_{SL} - \gamma_{SG})_2 \gamma_2 dx + \gamma_{LG} \cos\theta^* dx \qquad (3.2.8)$$

在平衡态时能量最低，即满足

$$\gamma_{LG} \cos\theta^* = (\gamma_{SG} - \gamma_{SL})_1 \gamma_1 + (\gamma_{SG} - \gamma_{SL})_2 \gamma_2 \qquad (3.2.9)$$

将 Young 方程代入式(3.2.9)，就得到 Cassie-Baxter 定律，即

$$\cos\theta^* = \gamma_1 \cos\theta_1 + \gamma_2 \cos\theta_2 \qquad (3.2.10)$$

若将式(3.2.10)拓展到多种材料，即平面由多种材料构成，则可得到更为普适的 Cassie-Baxter 定律，即

$$\cos \theta^* = \sum_i \gamma_i \cos \theta_i \tag{3.2.11}$$

值得注意的是，式(3.2.10)和式(3.2.11)还需满足

$$\gamma_1 + \gamma_2 = 1, \quad \sum_i \gamma_i = 1 \tag{3.2.12}$$

Cassie-Baxter 定律可以解释在微纳加工中液滴疏水性或亲水性接触角的变化，是由于未能较好地控制工艺，基底的材料性质发生阶段性改变[10,11]。同时 Cassie-Baxter 定律中不同材料的界面线长度远小于液滴的线长度，否则，接触角将无法确定。

3.3　液滴的运动

宏观流体的运动一般都是基于液压或外部驱动装置的，如活塞或其他机械移动部件。对于微观流体如微流体或微液滴，它们既可以用活塞或机械部件驱动，也可以用蠕动泵或液压注射泵来驱动。同时，微观流体还可以基于电渗作用或毛细作用驱动，这是宏观液体所不具有的性质。尤其是毛细作用驱动，作为微液滴有效的驱动方法之一，早已广泛应用在微流控芯片和生物医学中。本节详细介绍在表面张力和毛细现象共同作用下液滴的运动。由于微观分析太过复杂，本节不介绍动态的液滴，而只介绍平衡态下的液滴。

1. 液滴在疏水和亲水界面的运动

我们知道，基于疏水力或亲水力可以驱动液体，假设液滴放置在理想光滑和粗糙的基底上，理想光滑和粗糙基底的材料不同。理想光滑基底的材料是亲水的，粗糙基底的材料是疏水的，如图 3.3.1(a)所示。

要注意的是，图 3.3.1(a)所示的初始状态仅是示意性的，因为无法很准确地确定液滴放置在这两种界面时刻的标准形状，但可以近似认为是圆形，最终的结果不会受到影响，都会在亲水力或疏水力的作用下发生运动[12]。当最后达到平衡态时，由于能量最低原理，液滴也会形成标准的圆形。

假设 L_1 和 L_2 是液滴在亲水界面和疏水界面的接触线，θ_1 和 θ_2 是接触角，i 为 x 轴单位向量，$\mathrm{d}l$ 是液滴周长的微分，则液滴的受力 F_x 可表示为

$$\begin{aligned} F_x &= \int_{L_1} (\gamma_{SG} - \gamma_{SL})_1 (\boldsymbol{i} \cdot \mathrm{d}l) - \int_{L_1} (\gamma_{SG} - \gamma_{SL})_2 (\boldsymbol{i} \cdot \mathrm{d}l) \\ &= \int_{L_1} \gamma_{LG} \cos \theta_1 (\boldsymbol{i} \cdot \mathrm{d}l) - \int_{L_2} \gamma_{LG} \cos \theta_2 (\boldsymbol{i} \cdot \mathrm{d}l) < 0 \end{aligned} \tag{3.3.1}$$

假设正方向为右，则式(3.3.1)所示的合力方向为左，液滴会向左侧亲水界面移

动，当合力为零时，液滴会停止运动，最后停留在左侧的亲水界面上，如图 3.3.1(b)
所示。

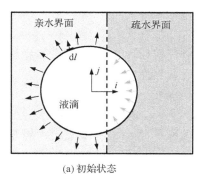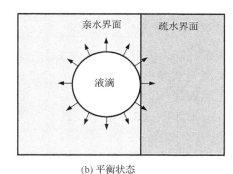

(a) 初始状态　　　　　　　　　　　　　　(b) 平衡状态

图 3.3.1　液滴置于两界面之间的分析模型

实际上，无论起始的液滴体积如何，当其放置在亲水界面和疏水界面时，液滴都会发生移动，最后液滴会静止在两界面的边界处。

2. 液滴在固体表面的爬升

在实验中，毛细力足以使液滴在倾斜的固体平板向上爬升[13]，如图 3.3.2(a)所示。图 3.3.2(a)中，固体平板材料是呈梯度变化的，即从疏水到亲水连续变化。液滴上升的动力实质上是液体所受的表面张力不均衡的结果。同理，如果倾斜的固体表面处有明显的疏水与亲水界限，液体同样会向上爬升，仿真结果如图 3.3.2(b)所示。

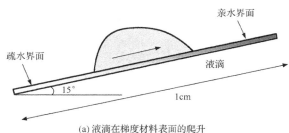

(a) 液滴在梯度材料表面的爬升

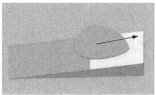

(b) 液滴在两种材料界面的爬升

图 3.3.2　液滴在倾斜表面的爬升模型

但是，液滴并不是在任意倾斜角度的斜面都能向上爬升，这取决于液滴所受重力、表面张力和初始接触角的大小等综合因素。

3. 液滴在固体表面的步移

液滴在毛细力的作用下可以发生另外一个有趣的现象，即液滴的步移。假设有一个尺度比液滴小的台阶，在台阶底部是疏水界面，在台阶上部为亲水界面，在两者之间放置一个液滴，液滴会从台阶底部跨到台阶上部，即发生了台阶步移。仿真实验结果如图 3.3.3 所示。疏水界面的接触角设定为 110°，亲水界面的接触角设置为 80°，如图 3.3.3(a)所示，由于液滴体积非常小，所以毛细力较重力而言占主导地位。液滴在界面的运动状态和平衡态仿真实验结果分别如图 3.3.3(b)和(c)所示。因此，在设计微流控器件时，经常会设计凹槽、台阶、凸起等限制液滴在微通道的运动[14-16]，这时就必须注意边界材料的疏水性和亲水性，否则，液体也会因毛细力的作用而发生移动，达不到限制液体的效果。

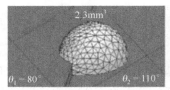 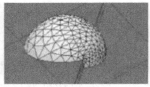 

　　(a)液滴初始状态　　　　　　　　(b)液滴运动状态　　　　　　　　(c)液滴平衡态

图 3.3.3　液滴发生台阶步移的仿真实验

3.4　液滴的蒸发

使用液滴或液体作为微反应载体或驱动主体都存在一个无法规避的问题，即液体的蒸发，当然可以通过控制液滴周围的大气环境来缓解其蒸发，但很难制止其蒸发，用有机液体或离子液体依然会存在这个问题。从 20 世纪初开始，就有科学家研究液体蒸发的过程，但是没有得到较好的理论解释，近年来，又有科学家提出了较为完整的理论体系来研究该问题。本节将主要介绍液体蒸发过程及相应的理论研究。

3.4.1　固着液滴的蒸发

1. 液滴蒸发现象

本节在介绍液滴蒸发现象时，都是假设液滴内部不存在马兰戈尼对流，且液滴不受外加气体的影响。如图 3.4.1 所示，液滴的铺展半径为 a，液滴的蒸发主要与液滴蒸气在液-气界面的扩散有关，如果对应周围气体中液滴蒸气已经饱和，则蒸发停止，否则将持续蒸发[15,16]。

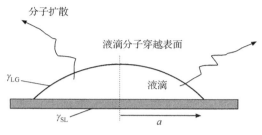

图 3.4.1　液滴蒸发机理模型

从实验可以观察到，润湿液滴和非润湿液滴蒸发的过程是不一样的。对于润湿液滴，液滴同平板的接触半径几乎始终保持不变，直到最后液滴完全蒸发完毕，如图 3.4.2(a)所示。在此过程中，接触角逐渐变小，就好像接触线被某种力禁锢一样，在蒸发的过程中几乎是固定的。而对于非润湿液滴，接触角反而基本保持不变，液滴同平板的接触半径越来越小，如图 3.4.2(b)所示。

(a)润湿液滴蒸发实验图

(b)非润湿液滴蒸发实验图

图 3.4.2　不同润湿状态的液滴蒸发实验图

在这两种情况下，液滴的质量比率下降与其高度是成一定比例的。润湿液滴的接触角减小与时间成正比，而非润湿液滴的接触半径减小与时间的平方根成正比。因此，在后续介绍中，将根据液滴的润湿特性给出液滴的蒸发特性与时间的关系。

2. 液滴蒸发理论

假设液滴为球形，基于 Fick 方程，液滴的蒸发率可表示为

$$\frac{\mathrm{d}m}{\mathrm{d}t} = -D \int \nabla c \cdot \mathrm{d}A \qquad (3.4.1)$$

式中，m 为液滴质量；t 为时间；A 为液滴表面积；D 为蒸气的扩散系数；c 为液滴浓度。

式 (3.4.1) 也可写成

$$\frac{dm}{dt} = -D \int \frac{\partial c}{\partial n} \cdot dA \qquad (3.4.2)$$

由于球体是各向同性的，所以蒸气的浓度梯度是一定的。加入边界条件，当 $r \to \infty$ 时，$c = c_\infty$；当 $r = r_d$ 时，$c = c_0$，其中，r_d 是液滴的半径，液滴分散系数与 $1/r$ 成比例，浓度梯度可近似为

$$\frac{\partial c}{\partial n} = -\frac{c_0 - c_\infty}{r_d} \qquad (3.4.3)$$

将式 (3.4.3) 代入式 (3.4.2) 可得

$$\frac{dm}{dt} = 4\pi r_d D(c_0 - c_\infty) \qquad (3.4.4)$$

从式 (3.4.2) 可知，蒸发率与液滴半径成正比，考虑到球冠的几何形状，式 (3.4.4) 也可写成

$$\frac{dm}{dt} = \rho \frac{dV}{dt} = -D \int \nabla c \cdot dA = -D \int \frac{\partial c}{\partial n} \cdot dA \qquad (3.4.5)$$

式中，ρ 为液滴的密度；V 为液滴的体积。从式 (3.4.5) 可知，液滴在平板上的蒸发除了接触线附近以外的部分基本是呈放射状的。

润湿液滴和非润湿液滴的蒸发特性是完全不同的，对此目前还没有明确的解释。有的科学家仅给出了假设：在非润湿的情况下，液滴的接触线周围有一个环形的饱和蒸气层，这样就使得液滴在蒸发过程中接触角始终保持不变；同理，在润湿的液滴周围，与固体表面接触的周围有很多杂质，也像一个环状圈一样，将接触半径固定，在蒸发过程中，接触角始终变小，而接触半径保持不变[17]。

3.4.2 液滴的蒸发特性

1. 蒸发为环形状态

大多数时候，人们感兴趣的液滴都充满了粒子、大分子或聚合物。这些液滴蒸发的典型特征是蒸发为环形状态。此状态的原因主要是在液滴蒸发过程中，液体边缘的液滴像是被"钉"到下表面的沉积粒子上，这种固定防止了液滴收缩，这意味着液滴的接触半径保持不变。边缘蒸发的液滴会由内部液滴来补充，这意

味着有液滴朝向液体的边缘流动。如果液滴含有粒子，则这些粒子会被水流向周边输送并沉积在接触线附近，如图 3.4.3(a)所示。在所有的液滴蒸发后，胶体颗粒会形成一个染色环。

2. 蒸发为杂质状态

蒸发环并不是液滴蒸发的普遍特征，环形只有当蒸发液滴是粒子或大分子并且大到足以沉积或黏固在接触线附近时才能形成。如果分子非常小，它们受到对流运动的扰动而不会沉积在边缘。因此，液滴的中心部分就会沉积大量分子，而不是都在边缘沉积[18, 19]，如图 3.4.3(b)所示。

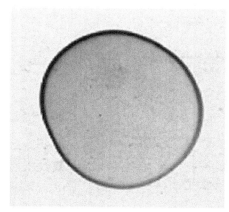

(a)蒸发边缘沉积　　　　　　　　　　　　　(b)蒸发内部沉积

图 3.4.3　液滴蒸发特性实验

3.4.3　液滴蒸发的应用

与分子运动相比，蒸发是一个比较缓慢的过程，在分子的尺度上，后退的接触线呈几何线性。因此，在后退的过程中粒子和分子有时间重新排列，这一特性已被用于现代生物技术，如生物学和微纳材料的自组装等。

1. DNA 拉伸

在基因组学中，主要研究基因的序列、功能和相互作用，其中 DNA(脱氧核糖核酸)的拉伸至关重要。通常，DNA 链是聚在一起的，当需要非常精确的固定时，拉伸它们是必要的步骤，生物学将这个过程称为分子过程梳理。最早的方法，也是最常用的方法之一就是利用液滴蒸发的原理[20]。首先将一种 DNA 链一端在平板上固定，另一端同液体浸润，如图 3.4.4(a)所示。当部分液体蒸发时，DNA

链会随着剩余的液体铺展移动，如图 3.4.4(b) 所示。当所有的液体都蒸发消失时，DNA 链会在玻璃板上形成一个线段，如图 3.4.4(c) 所示。

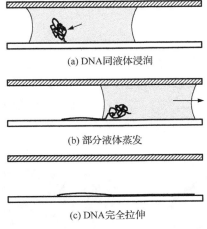

(a) DNA 同液体浸润

(b) 部分液体蒸发

(c) DNA 完全拉伸

图 3.4.4　液体蒸发方法拉伸 DNA 过程

2. 微纳材料的自组装

微流体系统中表面材料的涂覆可以用来改变化学物质墙的组成，或改变两个区域之间的润湿性边界，合适浓度的挥发性液体中的蒸发会使得粒子沿固体壁面有序地沉积。

Pellat 等对此展开了研究，并展示了如何对内部壁面进行涂层，通过使液体蒸发而形成一层球形聚苯乙烯或硅珠[21]。最后经过退火处理，对涂层进行短暂的加热使涂层更加稳定，如图 3.4.5 所示。

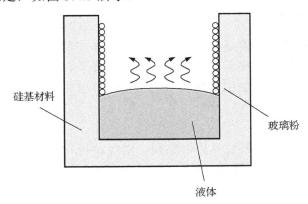

硅基材料

玻璃粉

液体

图 3.4.5　液体蒸发方法自组装微纳粒子

参 考 文 献

[1]　Berthier J. Micro-Drops and Digital Microfluidics[M]. 2nd ed. Amsterdam: Elsevier, 2013.

[2]　Ren H W, Wu S T. Introduction to Adaptive Lenses[M]. Weinheim: Wiley-VCH, 2012.

[3]　Brinkmann M, Lipowsky R. Wetting morphologies on substrates with striped surface domains[J]. Journal of Applied Physics, 2002, 92(8): 4296-4306.

[4]　Uelzen T, Müller J. Wettability enhancement by rough surfaces generated by thin film technology[J]. Thin Solid Films, 2003, 434(1-2): 311-315.

[5]　Zappe H, Duppe C. Tunable Micro-Optics[M]. Cambridge: Cambridge University Press, 2016.

[6]　Patankar N A. Transition between superhydrophobic states on rough surfaces[J]. Langmuir the ACS Journal of Surfaces & Colloids, 2004, 20(17): 7097-7102.

[7]　Patankar N A. On the modeling of hydrophobic contact angles on rough surfaces[J]. Langmuir, 2003, 19(4): 1249-1253.

[8]　Barthlott W, Neinhuis C. Purity of the sacred lotus, or escape from contamination in biological surfaces[J]. Planta, 1997, 202(1): 1-8.

[9]　Shibuichi S, Onda T, Satoh N, et al. Super water-repellent surfaces resulting from fractal structure[J]. The Journal of Physical Chemistry, 1996, 100(50): 19512-19517.

[10]　Chaudhury M K, Whitesides G M. How to make water run uphill[J]. Science, 1992, 256(5063): 1539-1541.

[11]　Whitby C P, Bian X, Sedev R. Free running droplets on packed powder beds[J]. AIP Conference Proceedings, 2013, 1542(1): 1043-1046.

[12]　Tavana H, Neumann A W. On the question of rate-dependence of contact angles[J]. Colloids and Surfaces A: Physicochemical and Engineering Aspects, 2006, 282: 256-262.

[13]　Ondarçuhu T. Total or partial pinning of a droplet on a surface with a chemical discontinuity[J]. Journal of Physics B: Atomic & Molecular Physics, 1995, 5(2): 227-241.

[14]　Buguin A, Talini L, Silberzan P. Ratchet-like topological structures for the control of microdrops[J]. Applied Physics A: Materials Science Processing, 2002, 75(2): 207-212.

[15]　Hegseth J J, Rashidnia N, Chai A. Natural convection in droplet evaporation[J]. Physical Review E: Statistical Nonlinear and Soft Matter Physics, 1996, 54(2): 1640-1644.

[16]　Hu H, Larson R G. Analysis of the effects of Marangoni stresses on the microflow in an evaporating sessile droplet[J]. Langmuir the ACS Journal of Surfaces & Colloids, 2005, 21(9): 3972-3980.

[17]　Hu H, Larson R G. Evaporation of a sessile droplet on a substrate[J]. Journal of Physical Chemistry B, 2002, 106(6): 1334-1344.

[18] Birdi K S, Vu D T, Winter A. A study of the evaporation rates of small water drops placed on a solid surface[J]. The Journal of Physical Chemistry, 1989, 93 (9): 3702-3703.

[19] Popov Y O. Evaporative deposition patterns revisited: Spatial dimensions of the deposit[J]. Physical Review E: Statistical Nonlinear and Soft Matter Physics, 2005, 71 (3): 036313.

[20] Bensimon D, Simon A J, Croquette V V, et al. Stretching DNA with a receding meniscus: Experiments and models[J]. Physical Review Letters, 1995, 74 (23): 4754-4757.

[21] Pellat H. Mesure de la force agissant sur les die lectriques liquides non electrises places dans un champ electrique[J]. Comptes Rendus de l'Académie des Sciences, 1895, 119: 691-693.

第4章 液体光子器件的驱动

液体光子器件的驱动方式大致可分为电控驱动和机械驱动两大类。电控驱动不需要外部驱动部件或系统，具有功耗低、成本低和控制精准等优点。机械驱动主要是利用外部驱动部件或系统控制液体光子器件内部的液体或部件发生运动，这种驱动方式的响应时间、驱动效果和稳定性主要取决于外部驱动部件或系统。与电控驱动相比，机械驱动的成本一般较高，且驱动系统体积比较庞大。

本章首先介绍电润湿驱动的机理和相关公式推导，并介绍现代电润湿驱动的局限性和存在的问题；然后介绍介电泳驱动的机理，并基于经典静电场的观点介绍静电场和磁场对导体的作用，也就是静电力和磁力驱动的机理；最后介绍液压、气压、热压和超声声压等机械驱动的部件与系统。目前，文献报道的液体光子器件大多数基于以上几种驱动机理研制，因此本章内容是研发和设计液体光子器件的基础。

4.1 电润湿驱动

第 2 章着重介绍了关于液体表面张力的理论，液体在平板上或其他介质材料上的界面曲率与表面张力的作用密不可分，这种状态是天然形成的。在有电场的情况下，电荷将聚集在导电液体和非导电液体(电介质)之间的界面材料上，也就是在接触线附近。此时，电荷会在液-液、液-气接触面的边缘产生非常密集的电荷积累，若改变电场大小，则会使三相线和接触角发生变化，改变原有的润湿状态，实现电控液体润湿效果，这类现象称为电润湿。

4.1.1 电毛细现象和双电层

1. 电毛细现象

法国著名物理学家 Lippmann 关于电毛细现象做了一系列非常有意义的实验，仔细清洗玻璃毛细管，用汞作为导电液体观察电毛细现象，并系统地测量了金属液与硫酸接触的情况，如图 4.1.1(a)所示[1]。他在汞与电解质之间施加几百毫伏的偏置电压，发现半月面的位置是变化的；使用 Jurin 定律与合适的表面张力参数分析实验结果，发现一个奇特的现象：汞与电解质之间的表面张力会在某一特定电压下达到最大值，在较高电压和较低电压下都有明显的下降，如图 4.1.1(b)所示[1]。

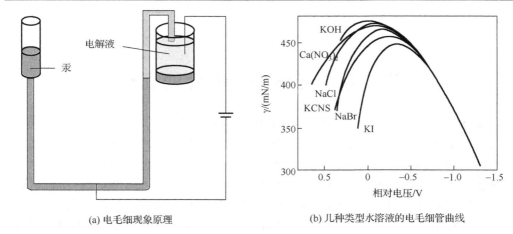

　　　　　(a) 电毛细现象原理　　　　　　　　　(b) 几种类型水溶液的电毛细管曲线

图 4.1.1　电毛细现象

　　基于实验分析和热力学分析，Lippmann 推导了著名的电毛细管方程，即 Lippmann 方程。相关界面的电荷密度 σ、外加电压 U 和表面张力 γ 的关系如下：

$$\sigma = -\frac{\mathrm{d}\gamma}{\mathrm{d}U} \tag{4.1.1}$$

　　该方程表明，实验中表面张力曲线的最大值对应于界面的零电荷点。事实上，从图 4.1.1(b)中可以看到，这个最大值通常是在非零电压处得到的，这就意味着即使没有外加作用，化学力也会对表面张力起到一定作用。

　　目前，Lippmann 方程在电化学中得到了广泛的应用，通过电毛细管曲线可以直接得到吉布斯自由焓，因此可以对界面的能量进行详细研究。除了对电化学领域的影响外，1875 年，Lippmann 在他的论文中开创性地描述了一种基于汞的毛细管发动机[1]。在施加适当的电压后，汞的半月面上升，像活塞一样把电能转化成机械运动。他所设想的发动机的最高转速达到 100r/min。虽然当时这个想法没有被付诸实践，但在现在看来，这个发动机是目前微流控中液体活塞的良好实现方案。此外，Lippmann 也开发了一种基于电毛细上升现象的高灵敏静电计。几十年来，基于毛细管现象的静电计一直是重要的测量仪器。Marey 使用基于 Lippmann 方程设计的毛细管静电计记录了人类有史以来第一张心电图。

2. 双电层

　　当金属电极与电解质接触时，由于金属电极与电解质之间的物理、化学性质差别甚大，所以处在界面的离子、络合离子及溶剂分子等粒子既受到溶液内部作用，又受到电极的作用。溶液内部粒子在任何方向、任何部位所受到的作用力都是相同的，而在电极界面上受到的作用力则是不同的，所以在电极与溶液界面上将出现游离电荷(电子或离子)的重新分配，或者增多，或者减少。因此，任何两相的界面都会出现双电层，并都有一定的电位差。

双电层一般有以下三种模型：

(1)离子双电层模型(Helmholtz 模型)。其核心思想：相反的电荷等量分布于界面两侧。当金属电极和电解质接触时，两种电性相反的电荷分配在金属电极和溶液界面的两侧从而形成双电层，此时，若金属电极表面带正电，则溶液中以负离子与之组成双电层；若金属电极表面带负电，则溶液中将以正离子与之组成双电层。这种双电层称为离子双电层，它所产生的电位差就是双层离子的电位差。离子双电层的特点是每一层中都有一层电荷，但符号相反。这个结构可以等效为平板电容器。

(2)偶极双电层模型(Gouy-Chapman 模型)。有些体系尽管不存在上述的离子双电层，但金属电极与溶液的界面上仍然会有电位差。例如，金属电极表面少量电子有可能逸出晶格之外，而静电作用又使这部分电子束缚在金属电极表面附近，在金属相的表面层中形成双电层。偶极分子在溶液表面上定向排列也会构成偶极双电层，偶极双电层会出现一定大小的电位差。这种双电层的电位差就是偶极双电层的电位差。

(3)吸附双电层模型(Gouy-Chapman 模型和 Stern 模型)。溶液中某种带电离子，有可能被吸附在金属与溶液的界面上形成一层过剩的电荷，受这层电荷静电的吸引，溶液中间等数量的带相反电荷的离子构成双电层，这种双电层称为吸附双电层，双电层所产生的电位差称为吸附双电层电位差。图 4.1.2 为 Gouy-Chapman 模型和 Stern 模型下的双电层示意图和势能分布。

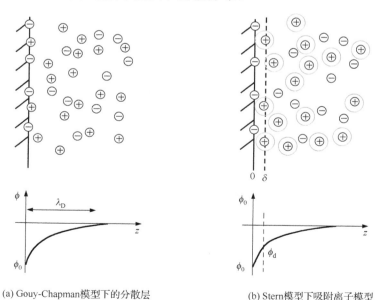

(a) Gouy-Chapman模型下的分散层　　　　　(b) Stern模型下吸附离子模型

图 4.1.2　双电层示意图和势能分布

4.1.2 电润湿模型及原理

1. 现代电润湿模型

现代电润湿模型的最显著特点就是利用介电层将导电液体和电极分开，即现在人们熟知的介质层上电润湿，这样就避免了导电液体的电离，提升了电润湿驱动器件的化学稳定性、机械稳定性，并且延长了其使用寿命。最初的介质层上电润湿实验是将一个小的盐水液滴放置在电极平板上，平板有两层薄膜材料，分别为疏水层材料和介电层材料，通常将两者统称为介质层，在盐水液滴周围还会添加一些非导电油，如图 4.1.3(a)所示。液滴直径为 D_L，平板厚度为 d，且 $D_L \gg d$。当在导电液体和电极之间外加电压 U 时，由于电润湿效应，液-固界面之间的接触角会减小。从微观尺度分析，在液体边缘的电场分布如图 4.1.3(b)所示，液体内部电极平面内的电场分布非常均匀，然而在液体边缘处，电场线密度会增大。在液体边缘外部，电场力的作用逐渐减弱[2-4]。

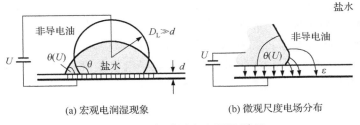

(a) 宏观电润湿现象　　　　　　　　(b) 微观尺度电场分布

图 4.1.3　介质层上电润湿原理

电润湿驱动微液滴的形变是不依赖电极的极性的，切换电极正负不影响接触角的变化。导电液体外加电压实验如图 4.1.4(a)所示，接触角随电压的变化如图 4.1.4(b)所示。图中，θ_Y 为外加电压后的接触角，θ_S 为初始接触角，Adv 为前进接触角，Rec 为后退接触角。

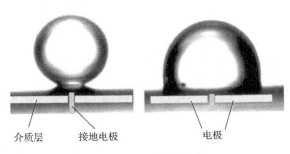

介质层　　　接地电极　　　　　　电极

(a) 导电液体外加电压实验

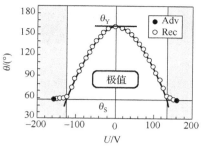

(b) 接触角随电压的变化

图 4.1.4　介质层上电润湿实验

2. Young-Lippmann 方程

在介绍 Young-Lippmann 方程之前，必须对某些相关物体的物理性质做一些基本假设。假设液滴是完全导电的，而环境介质如绝缘层是完全绝缘的。这种假设保证液滴在每一处都有确定的电势，没有液滴覆盖的地方电场为零。

Young-Lippmann 方程表达如下：

$$\cos\theta = \cos\theta_0 + \frac{C}{2\gamma_{LG}}U^2 \tag{4.1.2}$$

式中，C 为介质层的电容；θ 和 θ_0 分别为加电压和未加电压的液-固两相接触角；γ_{LG} 为液-固两相的表面张力。该公式直观地表示了接触角与外加电压的变化关系。

若电极安装在两平板之间，则得到平板间的电毛细现象，如图 4.1.5 所示。在毛细力作用下液体上升高度 h_{cap} 可表达为

$$h_{cap} = \frac{2\gamma_{LG}\cos\theta_0}{\rho g D} \tag{4.1.3}$$

式中，D 为两平板间距；ρ 为液体密度。

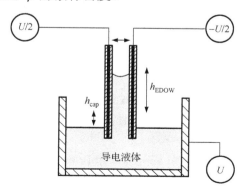

图 4.1.5　平板间电毛细现象的实验

当外加电压时，液体上升的总高度由电毛细驱动的上升高度 h_{EDOW} 和毛细力作用的上升高度 h_{cap} 共同决定，其中电毛细驱动的上升高度 h_{EDOW} 可由下式推导得出：

$$h_{EDOW} = \frac{2\gamma_{LG}(\cos\theta - \cos\theta_0)}{\rho g D} = \frac{C}{\rho g D}\left(\frac{U}{2}\right)^2 \qquad (4.1.4)$$

电润湿效应看似是一个简单的物理现象，但实际上，Young-Lippmann 方程的物理推导是非常复杂的。这个精妙的公式近乎完美地解释了相关的多种电化学现象，但是接触角饱和等现象的产生原因尚不清楚。由于本章所讨论的情况都是在液体处于平衡态的前提下，所以本章介绍的电润湿理论也称为静态电润湿的 Young-Lippmann 定律。

3. 现代电润湿模型的局限

1) 接触角饱和

Young-Lippmann 方程仅在较低电压驱动下才成立，由实验可知，当加载到介质层和导电液体之间的电压超过某一值时，接触角将不再减小，即接触角已经达到饱和，如图 4.1.6 所示。图中，θ_y 为未发生接触角饱和时液体的接触角，θ_v 为发生接触角饱和时液体的接触角。

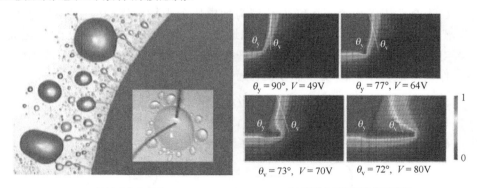

(a) 接触角饱和现象　　　　　　(b) 接触角饱和现象仿真模拟

图 4.1.6　接触角饱和现象及仿真模拟

关于接触角饱和的机理至今尚无定论，饱和效应的研究之所以重要，是因为它限制了作用在液滴上的电润湿力，并且成为微型化电润湿装置发展的瓶颈。目前比较流行的接触角饱和理论解释有以下两种。

(1) 电荷俘获解释。荷兰科学家 Verheijen 和 Prins 提出了在外加电压增大到某一特定值后，电荷会被介质层(绝缘层)俘获[5]。因此，在固-液界面之间的表面电荷就会减少，电润湿效应就相应减弱，此时电压就是发生饱和的临界电压，超过临界电压后，电荷就只在介质层(绝缘层)储存,不会增大表面电荷密度,接触角不再发生变化。

(2)固-液界面表面张力最低限制。澳大利亚科学家 Peykov 等和 Quinn 等基于热力学极限理论提出了接触角饱和的物理解释,即零界面液体能量极限理论[6,7]。他们研究发现,随着电压的增大,接触角逐渐减小,当固-液界面的表面张力水平方向的投影在数值上恰好等于液-气的表面张力时,固-液界面的有效表面张力为零。若再增大电压,假设接触角还会继续减小,则固-液界面的有效表面张力将变为负值,这在物理上是不可能的。因此,在此电压下就达到了最小接触角,即接触角饱和状态。

2)接触角迟滞现象

接触角迟滞现象不仅在毛细管中存在,在电润湿过程中也同样可以观察到。在推导 Young-Lippmann 方程时,宏观接触角的值实际上是前进接触角的值和后退接触角的值的平均值。在初始状态时,液滴未被驱动,增大电压值,液滴就会扩散,接触角就是前进的接触角。相反,当电压降低时,液滴恢复其初始形状,此时观察到的接触角是后退的接触角,但是一般前进的接触角和后退的接触角是不同的,这就是接触角迟滞现象。接触角迟滞主要影响的是液滴在施加电压和撤去电压后位置的改变,该现象的研究对于精准控制液滴运动有重要意义。

3)介质层的击穿

在垂直截面中,平板依次包括电极、介电层和疏水层,如图 4.1.7 所示。在水平面上,电极由介电层隔开,该层保证了电绝缘。通常用于介电层的材料包括 Parylene、SiO_2、Teflon 和 Si_3N_4。疏水层有助于增大接触角的变化幅度。疏水层通常由 Teflon 材料制成,并通过旋转涂层进行铺展;有时也由等离子沉积的 SiOC 铺展而成。

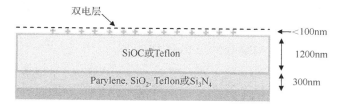

图 4.1.7　电润湿介质层模型

n 层介质层的电容可表示为

$$\frac{1}{C} = \sum_{i=1,n} \frac{1}{C_i} \tag{4.1.5}$$

根据图 4.1.7 可知,电润湿介质层电容为

$$\frac{1}{C} = \frac{1}{C_{die}} + \frac{1}{C_{hyd}} \tag{4.1.6}$$

式中，C_{die} 和 C_{hyd} 分别为介电层和疏水层的电容。由式 (4.1.6) 和 Young-Lippmann 方程可知，通过减小介质层的厚度可以增大电容。但是，介质层厚度的降低是有限的，因此电容不可能无限制增大。随着外加电压的增大，电容有可能被击穿，这也是基于电润湿效应驱动的局限。

当电介质中的电场超过一个极限值，即临界电场时，就会发生介质层的击穿。当高于此值时，材质将被破坏。这个阈值电压称为材料的理论介电强度，是材料的固有特性。当发生击穿现象时，电场会释放束缚电子。如果外加电场足够高，自由电子可能加速到可以与中性原子或分子碰撞并释放额外电子的速度，这种现象也称为雪崩。击穿发生得非常迅速（通常为纳秒量级），导电路径的形成导致了材料的破坏性放电。对于固体材料，击穿会严重降低甚至破坏其绝缘能力[8-10]。

4.2　介电泳驱动

如 4.1 节所述，介质层上电润湿是一种基于电介质涂层的电润湿现象，可以使用直流或低频交流电压驱动，通常小于 100V。对于介质层上电润湿，液体内部的电场接近于零，填充的导电液体本身就是一个移动的可变形电极。而介电泳是电场对电介质的驱动，通常采用交流电压，频率为 50～200kHz，电压为 200～300V_{rms}。对于液体的介电泳驱动，液体内部的电场不为零，在不均匀电场下，将发生液体极化现象，即电介质趋于向电场强度较高的区域移动[11, 12]。

4.2.1　介电泳原理

介电泳是一种广泛应用于微系统中生物物体操纵的驱动方法。在一般的液体光子器件中，介电泳主要是一种微驱动方式，被用于运输或传输液体。尽管介电泳的物理机理早已被学界熟知，但这种效应近年来才引起生物技术界的广泛关注，这主要是因为它与微观结构耦合的巨大潜力。

当极化粒子处在非均匀电场中时，就会发生介电泳。电场使粒子极化，两极沿着电场线受力，根据偶极子的方向，力可以是吸引的，也可以是排斥的。由于电场是不均匀的，所以处于较大电场的一极将支配另一极，粒子将移动。根据麦克斯韦-瓦格纳-塞拉斯（Maxwell-Wagner-Sillars）极化理论，偶极子的方向取决于粒子和介质的相对极化率。由于力的方向取决于电场梯度而不是电场方向，所以在交流电场和直流电场中都会发生介电泳。如果粒子朝着电场增大的方向移动，则称为正介电泳；如果粒子远离高电场区域，则称为负介电泳。首先考虑在电场存在下溶剂中的一个小粒子，由于电场存在，在介质界面会形成电荷的非均匀分布。该电荷分布也会产生与同电场相互作用的偶极子，如果电场是非均匀的，那么在粒子周围的分布是非均匀的。如果粒子的极化率比周围介质高，则在静力作用下，粒子会向电场强度高的区域移动；反之，粒子将会向电场强度低的区域移动[13-15]。

麦克斯韦方程可定量描述该物理模型，粒子是有损耗的介电体，这意味着，除了粒子的固有介电常数，还必须考虑它们的导电性和通过这种粒子传导耗散的能量。

假设粒子半径为 a，在外电场 E 的作用下粒子受力 F 为

$$F = 2\pi a^3 \varepsilon_0 \varepsilon_{r,l} \mathrm{Re}(f_{CM}) \nabla E^2 \tag{4.2.1}$$

式中，ε_0 为真空介电常数；$\varepsilon_{r,l}$ 为液体的相对介电常数；f_{CM} 为 Clausius-Mossoti 因子；$\mathrm{Re}(f_{CM})$ 可由下式表示：

$$\mathrm{Re}(f_{CM}) = \frac{\varepsilon_p^* - \varepsilon_l^*}{\varepsilon_p^* + \varepsilon_l^*} \tag{4.2.2}$$

其中，ε_p^* 和 ε_l^* 分别为粒子和液体的复合介电常数，并由下式决定：

$$\varepsilon^* = \varepsilon_0 \varepsilon_r - \mathrm{j}\frac{\sigma}{\omega} \tag{4.2.3}$$

其中，ε_r 为相对介电常数；σ 为电导率；ω 为电场频率。

对于式(4.2.1)的理解有两种情况。一种情况如图 4.2.1 所示，施加在粒子上力的方向取决于 Clausius-Mossoti 因子的实部符号，如果 $\mathrm{Re}(f_{CM}) > 0$，粒子被吸引到电场强度较高的区域，这种情况为正介电泳；另一种情况，周围液体被吸引到电场强度较高的区域，因而粒子被排斥到相反的方向，即电场强度较低的区域，这种情况为负介电泳。

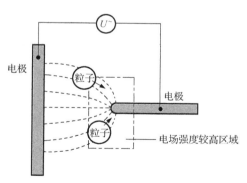

图 4.2.1　粒子受到介电泳力作用示意图

介电泳力与电场强度的平方的梯度成正比，这种制约关系意味着介电泳可以用直流电场或交流电场驱动。然而，在第一种情况下，粒子的运动实际上是电场力和介电泳力共同作用的结果。高频交流电场的使用可以抑制电解，或者

更普遍地说，高频电场抑制了电极表面的电化学反应。由于介电泳力取决于电场的梯度，所以粒子在长距离内的运输很困难。在宏观世界中，需要高压才能保持较长距离的粒子运输，然而，在微观结构(小尺度)中更容易产生较大的局部梯度。这就解释了为什么随着微加工技术的发展，介电泳力在生命科学的应用愈发广泛。这种效应最近被有效地利用，学者基于介电泳力来操纵、表征或分类粒子。然而，这仅限于毫米或微米量级，要将它们长距离运输仍然是一个挑战[16-19]。

4.2.2　液体的介电泳

1. 液体介电泳实验

4.2.1 节主要介绍了用介电泳力对有损介质粒子的操纵。本节主要讨论电场中对液滴的操纵，更具体地说是利用非均匀电场对包括水和介电液体等极化介质产生的介电泳力来操纵液滴。通过设计适当的电极，利用介电泳效应控制和操纵微小体积的液体，称为液体的介电泳。早在 1895 年，法国物理学家 Pellat 就首先观察到液体介电泳现象[20]。图 4.2.2(a) 为 Pellat 液体介电泳实验装置，该装置包括一对间隙为 L 的平行电极板，部分浸入到储液罐，储液罐的介质液体的密度为 ρ，介电常数为 ε。在电极上施加电压 U 后，由于不均匀的电场效应，电极间的介电液体会垂直上升，并达到由下式给出的新的平衡高度 h：

$$h \approx \frac{(\varepsilon - \varepsilon_0)U^2}{2\rho g L^2} \tag{4.2.4}$$

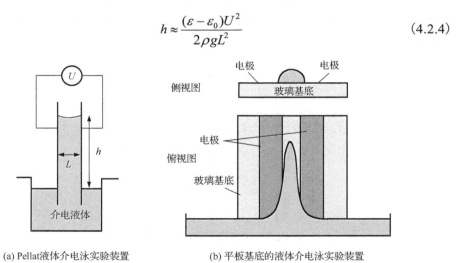

(a) Pellat液体介电泳实验装置　　　　(b) 平板基底的液体介电泳实验装置

图 4.2.2　液体介电泳实验装置

1971 年，美国科学家 Jones 等基于相同原理发展了电介质虹吸作用[21]。这些实验证明了在电场作用下，液体界面将发生移动。然而，这些实验都是宏观的。对于微米和纳米技术，最有趣的方面可能是小体积液体的形成和操作。Pellat 的实验表明，利用交流电场可以改变液体界面的位置，Jones 等基于此提出了一种由两个平行平面电极组成的液体微器件，其实验装置如图 4.2.2(b) 所示。当电极被电压为 $200V_{\mathrm{rms}}$、频率为 60Hz 的交流电驱动时，液体会沿电极上升，这种现象称为"液体手指"效应。

2. 液体介电泳理论

介电泳的最初定义是电场强度较高区域对不带电但可极化的粒子有较强的吸引力。基于介电泳的液体驱动与液体中的粒子无关，可利用介电泳力来操控液体并使之汇聚。液体介电泳在表面上与介电泳很相似，因为极化液体同样会被牵引到电场强度更大的区域[22, 23]。

以最基本的液体介电泳系统为例，如图 4.2.3 所示，该系统与液体指状结构非常相似。利用虚功定理，介电泳力 F^{e} 可表示为

$$F^{\mathrm{e}} = -\left.\frac{\partial W_{\mathrm{e}}}{\partial x}\right|_{U} = -\partial^{\frac{1}{2}} \frac{CU^2}{\partial x} \tag{4.2.5}$$

式中，W_{e} 为介电泳力做的功。

若将总电容 C 的计算公式代入式 (4.2.5)，同时引入麦克斯韦张量理论，则可得

$$
\begin{aligned}
F^{\mathrm{e}} &= (T_{\mathrm{liq}} - T_{\mathrm{air}})wL \\
&= -\frac{1}{2}(\varepsilon_{\mathrm{r,liq}} - 1)\varepsilon_0 E^2 wL \\
&= -\frac{w}{2L}(\varepsilon_{\mathrm{r,liq}} - 1)\varepsilon_0 U^2
\end{aligned}
\tag{4.2.6}
$$

式中，T_{liq} 和 T_{air} 分别为液体界面和气体界面的麦克斯韦应力张量；w 为电极的宽度；ε_0 和 $\varepsilon_{\mathrm{r,liq}}$ 分别为真空介电常数和相对介电常数；L 为两电极之间的距离；U 为电压。

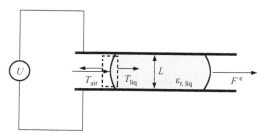

图 4.2.3　介电泳力下液体受力示意图

经推导，在介电泳力 F^{e} 的驱动下液体的上升高度 h 为

$$h = \frac{1}{2\rho g}(\varepsilon_{r,liq} - 1)\varepsilon_0 \frac{U^2}{L^2} \tag{4.2.7}$$

实际上，介电泳是一个非常大的研究领域，它包含了复杂的多重物理机理，如粒子与电场的相互作用、偶极或多极引力和双电层等。关于介电泳的驱动电极设计一直是许多科学家的研究课题。介电泳在矿物分离、微抛光，以及液滴的操作、分配和组装等领域具有广泛的应用前景，值得科研工作者继续深入研究。

4.3　静电力和电磁驱动

静电力和电磁驱动是液体光子器件的主要驱动方式之一，且静电力和电磁力的作用更趋向于宏观。基于静电力驱动的液体光子器件的驱动电压一般为 200～500V。与电润湿驱动比较类似，该驱动方式适用于驱动毫米量级的微小液体，当液体体积增大时，静电力的作用极其有限；相较而言，电磁驱动一般是利用电磁感应原理，间接借助电磁感应线圈和微型磁铁薄片对液体光子器件产生作用。一般磁场驱动磁性液体或间接驱动非导电液体，可以实现较大体积的液体移动或形变，所以电磁驱动具有广阔的应用前景。本节将介绍静电场和磁场的基本知识，为液体光子器件的驱动提供理论基础[24-26]。

4.3.1　静电场中的导体与电介质

大量的电现象都涉及电场，是电场中的物质受到电场的作用而发生的现象，这对于电气设计与电子器件尤为重要。本节主要依据电场对电荷作用的基本规律，分析电场对宏观物体的作用。

1. 电场中的导体

在静电场中，导体总会达到一种平衡状态，即静电平衡的状态。在这种状态下，导体的内部与外部都不存在电荷的宏观运动。由于导体的性质就是其电荷可以自由运动，这种状态实际上就意味着导体内部的电场强度处处为零，而导体表面的电场强度的方向总是与导体的几何表面垂直；导体任意位置的电势都相等，否则电荷会出现宏观运动。

即使导体带电，电荷也只是分布在导体的外表面。处于平衡态的导体，电荷面密度的大小与该处的表面曲率成正比。导体表面附近真空的电场强度的大小为该处的电荷面密度与真空介电常数的比值，方向为垂直于导体的外表面切线向外。

2. 电场中的电介质和电介质的极化

电介质是相对于导体而言的，其内部电荷被拘束，不能有宏观运动，但一般仍然会出现微观运动，如分子的转动，这样就导致极化现象。

极化现象与静电感应现象在物理上有实质的区别，这两种现象表面看来很类似，但静电感应所产生的电荷是导体内部的自由电荷，而极化现象中出现的分布在导体两个相对表面上的电荷则是束缚电荷，它们都是内部电荷对外部电场的反映，但形成内部电场的方式不同。

电介质的组成分子通过微观运动而形成内部电场的机制有两种情况：一种是有极分子转动产生的极化；另一种是无极分子通过微观位移导致的位移极化。而静电感应则是内部自由电荷从一个表面到另一个表面的长程运动。这两种现象的感应和极化程度都与外部的电场强度相关。

由于极化的实质就是电介质内部电偶极矩的产生，物理学上用电极化强度矢量来描述电介质的极化程度。对于一个在外部电场作用下的电介质，其内部的合电场强度是外加电场强度和内部极化电荷产生的电场强度的矢量和，合电场强度与电极化强度矢量成正比，比例系数为真空介电常数和电介质电极化率的乘积。

3. 介质中的高斯定律

任何静电场都满足高斯定律，但由于介质中的等效电荷在实际问题中并不容易求出，所以引入一个新的起辅助作用的物理量，即电位移矢量 D（无真正的物理意义）。介质中的高斯定律可表达为

$$\oint_S D \cdot dS = \sum_i q_i \tag{4.3.1}$$

式中，S 为高斯面的面积；q_i 为高斯面内包含的自由电荷。

值得注意的是，利用介质中高斯定律求解的问题，一般情况下自由电荷的分布是均匀对称的，电场的分布也是对称的，因此要利用介质中高斯定律求解的问题，介质必须是均匀各向同性的，充满电场所在的整个空间，或者充满等势面之间的空间。这样就可以根据具体的条件来选取合适的高斯面，而得到 D 的值，进一步可以得到介质中的电场强度、电极化矢量及极化电荷面密度。

4.3.2　磁场对电流的作用

1. 安培定律

载流导体在磁场中受磁场的作用力，磁场对载流导体的这种作用规律是安培以实验总结出来的，故该力称为安培力 F，该作用规律称为安培定律，即

$$dF = I dl \times B \tag{4.3.2}$$

式中，B 为磁场强度；I 为电流大小；l 为载流导体的长度。

在计算安培力时，常常把力在各个分量方向上分别进行积分，最后求合力。

2. 磁场对载流线圈的作用

载流线圈与载流导线的区别就在于：线圈是一个闭合回路，对于磁场中任何一个方向的电流分布，总是存在和它反向的一个电流分布，而导线在磁场中一般只存在一个方向的电流分布，因此对于导线，磁场往往只有单纯的作用力，而对于线圈，磁场则出现力矩的作用。

首先考虑形状规则的线圈在均匀磁场中，并且线圈的一个对称轴与磁场强度 B 垂直。直接应用磁场的磁感应强度的表达，就能得到线圈所受的磁力矩 M 的表达式：

$$M = P_m \times B \tag{4.3.3}$$

式中，$P_m = IA$，I 为电流大小，A 为线圈面积。

3. 有磁介质时的安培环路定律

导体中电子或正、负离子做有规则运动形成电流。因为磁现象的根源是电流，所以安培环路中总电流应是传导电流 I 与分子电流 I' 的总和，即

$$\oint_L B \cdot dl = \mu_0 \left(\sum_i I_i + \sum_i I'_i \right) \tag{4.3.4}$$

式中，μ_0 为真空磁导率；磁场强度 $B = B_0 \pm B'$，正号表示顺磁质，负号表示抗磁质；L 为导体长度。

若引入磁介质的磁导率 μ，则磁介质中的安培环路定律可得

$$\oint_L \frac{B}{\mu} \cdot dl = \sum_i I_i \tag{4.3.5}$$

将 $H = B/\mu$ 代入式(4.3.5)可得

$$\oint_L H \cdot dl = \sum_i I_i \tag{4.3.6}$$

式中，H 为有磁介质时的磁场强度，它作为辅助量，并无实际物理意义。

4.4 机 械 驱 动

液体光子器件的机械驱动方式一般分为液压驱动、气压驱动、热压驱动和超声声压驱动，本节将详细介绍相应驱动原理。

4.4.1　液压驱动

基于液压驱动的液体光子器件一般利用液体静压力、流体静水力或液压发生器来控制液压。液压使器件内部的液体朝规定方向运动或使液滴发生形变。

1. 液体静压力

在液体光子器件内部系统中，液体静压力是控制液体流动的最简单的方式之一。压力差可通过改变不同储液腔体内相对于环境界面的液体高度差来获得。对于水基液体，1cm 的高度差对应于 1mbar①的液体压力，这把该技术的分辨率限制在 0.1mbar 以内，最大压力限制在 100mbar（1m 的高度差）。这项技术同样受到 Laplace 压力的限制，并依赖液体、大气环境、储液腔体及其形状间的润湿情况。同时，液体静压力控制的另一个限制是液体从一个储液腔体流动到另一个储液腔体中产生的压降而造成的渐进压力变化，从而导致压降随时间呈现出线性减小趋势。

2. 液压发生器

最简单的液压发生器就是液体泵或手持压力瓶。图 4.4.1 为一种液压发生器，它由液压泵、减压泵、计算机连接器和相应操作软件组成。该液压发生器的稳固性和精密性高度依赖全部组件的良好兼容性。

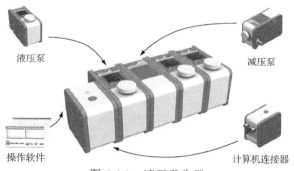

液压泵　　　　　　　　　　　　　　　减压泵

操作软件　　　　　　　　　　　　　计算机连接器

图 4.4.1　液压发生器

这类液压发生器的主要缺点是响应时间较长，导管的机械形变也会影响系统的响应时间。但是，形变导管也可用于吸收和抑制液体流动的波动。如果使用具有多路复用器的若干个液压发生器，则可以提高响应速度。这种类型的液压发生器非常适合需要梯度或者正弦压力变化的驱动系统。然而，电子液压传感器产生的压力具有脉冲性，因此该液压发生器的响应速度越快，压力波动就会越大。

_____

① 1bar=10⁵Pa。

3. 注射泵

　　注射泵可通过连接导管和液体光子器件中的微通道来控制腔体中的液体体积。最初注射泵是应用于医药领域的灌注系统，随后被微流控领域采用。注射泵的主要优势是可以对压力进行自适应调节并维持到相应流速，即能够控制微通道内的液体流量而不会受到流体阻力的影响。但是注射泵也存在一些缺点，低流速下会出现脉动流动，达到稳定有效流速需要一定时间。图 4.4.2 为两种微流注射泵。

 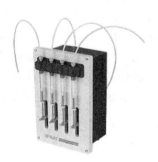

(a) 单通道注射泵　　　　　　　　　　(b) 四通道注射泵

图 4.4.2　微流注射泵

4. 蠕动泵

　　蠕动泵一般由三部分组成：驱动器、泵头和软管。流体被隔离在泵管中，可快速更换泵管，流体可逆行。蠕动泵主要是通过对输送软管交替进行挤压和释放来泵送流体。就像用两根手指夹挤软管一样，随着手指的前后移动，管内形成负压，液体随之流动。

　　由于蠕动泵中流体只接触泵管，不接触泵体，所以它对蠕动泵本身不会造成污染，并且蠕动泵的重复精度及稳定精度高，是输送对剪切敏感和侵蚀性强的流体的理想工具。同时，它具有良好的自吸能力，可空转，并可防止回流。然而，蠕动泵使用了柔性管作为连接，其承受压力受到限制，并且在运作时会产生一个脉冲流。

　　图 4.4.3 为四种类型蠕动泵。调速型蠕动泵除了具备蠕动泵的基本控制功能外，还可显示并调节转速；流量型蠕动泵则增加了流量显示、流量校正和通信等功能；分配型蠕动泵增加了流量显示、流量校正、通信、液量分配、回吸和输出控制等功能；定制型蠕动泵拥有一系列不同流量范围的蠕动泵头，客户可根据自身设备的需求，设计不同的蠕动泵驱动电路配套使用。

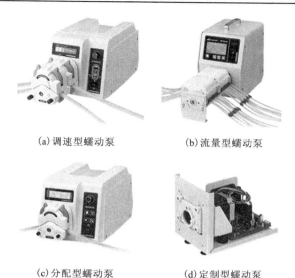

(a) 调速型蠕动泵　　　　　　　　　(b) 流量型蠕动泵

(c) 分配型蠕动泵　　　　　　　　　(d) 定制型蠕动泵

图 4.4.3　四种类型蠕动泵

4.4.2　气压驱动

　　气压驱动是指以压缩空气为动力源来驱动和控制各种机械设备的一种技术。在液体光子器件中，一般指利用气压发生装置产生气压驱动液体光子器件内部元件或直接驱动液体或液滴运动。

　　根据气动元件和装置的不同功能，一般可将气压传动系统分为气源装置、执行元件、控制元件和辅助元件等部分。气源装置将原动机提供的机械能转化为气体的压力能，为系统提供压缩空气。它主要由空气压缩机、储气罐、气源净化装置等附属设备组成。执行元件起能量转化的作用，把压缩空气的压力能转化成工作装置的机械能，它的主要形式有气缸输出直线往复式机械能、摆动气缸和气马达分别输出回转摆动式和旋转式的机械能。控制元件用来对压缩空气的压力、流量和流动方向进行调节及控制，使系统执行机构按功能要求的程序和性能工作。辅助元件是用于元件内部润滑、排气噪声、元件间的连接以及信号转换等所需的各种气动元件。

　　气压驱动的优点主要是：空气来源方便，用后直接排出，无污染；空气黏度小，气体在传输中摩擦力较小；气动系统对工作环境适应性好，特别在辐射、多尘埃、振动等恶劣环境工作时，安全可靠性优于液压控制系统；气动动作迅速、反应快、调节方便，可利用气压信号实现自动控制。然而，气压驱动也有不容忽视的缺点：运动平稳性较差，因空气可压缩性较大，其响应速度受外负载变化影响大；因空气黏度小，润滑性差，需设置单独的润滑装置；有较大的排气噪声等。

4.4.3　热压驱动

热压驱动是利用空气的热胀冷缩原理，将加热芯片和液体光子器件耦合，通过数字控温器调节器件腔体空气体积，再通过体积膨胀驱动液体光子器件内部元件或直接驱动液体运动。由于热压驱动仅是对空气体积进行驱动和调节的，不会对器件内部液体造成污染。但是电加热需要一定的升温过程，因此响应时间较长，热效应不仅会影响腔体内部体积，高温也会使器件本身产生形变。图 4.4.4 为三种温控装置。

　　(a)数字温控仪　　　　　　(b)台式温控仪　　　　　　(c)膨胀式温度计

图 4.4.4　三种温控装置

4.4.4　超声声压驱动

声压就是大气压受到声波扰动后产生的变化，即大气压强的余压，它相当于在大气压强上叠加一个声波扰动引起的压强变化。超声波是一种频率高于 20kHz 的声波，方向性好，穿透能力强，易于获得较集中的声能，在水中传播距离远，可用于测距、测速、清洗、焊接、碎石和杀菌消毒等，在医学、军事、工业和农业上有很多的应用。

1. 超声波的性质

超声波和其他声波一样，是一种压缩和膨胀交替的波。如果声能足够强，液体在波的膨胀阶段被推开，由此产生气泡；而在波的压缩阶段，这些气泡在液体中瞬间爆裂或内爆，产生非常有效的冲击力，这个过程称为空化作用。

由于超声波的波长较短，当它通过小孔(大于波长的孔)时，会呈现出集中的一束射线向一定方向前进。又由于超声波方向性强，所以可定向采集信息。当超声波传播的方向上有一障碍物的直径大于波长时，便会在障碍物后产生"声影"。这些犹如光线通过小孔和障碍物，所以超声波具有与光波相似的束射特性。

超声波在各种介质传播时，随着传播距离的增加，其强度会渐渐减弱，能量逐渐消耗，这种能量被介质吸收掉的特性称为声吸收。当超声波通过液体时，液体质点相对运动而产生的内摩擦会导致声吸收；当超声波在液体介质中传播时，压缩区的温度将高于平均温度，稀疏区的温度将低于平均温度。因此，热传导使声波的压缩区和稀疏区之间进行热交换，会引起声波能量的减少。在固体中，声吸收在很大程度上取决于固体的实际结构。不同介质产生声吸收的原因不同，主要原因是介质的黏滞性、热传导、介质的实际结构及介质的微观动力学过程中引起的弛豫效应等，这些介质中的声吸收都随着超声波的频率而变化。超声波是高频率的声波，在同一介质中传播时，随着声波频率的增大，被介质吸收的能量增多。当超声波在均匀介质中传播时，介质的吸收导致声强度随距离的增加而减弱，这就是声波衰减。

2. 超声波发生器

超声波发生器又称为超声波驱动电源、电子箱、超声波控制器，是大功率超声系统的重要组成部分。超声波发生器的作用是把电转换成与超声波换能器相匹配的高频交流电信号，驱动超声波换能器工作。超声波电源分为自激式电源和他激式电源，自激式电源称为超声波模拟电源，他激式电源称为超声波发生器。

在液体光子器件中，通常是利用超声声压发生器激发器件腔体内部液体或元件以实现某些光学功能。然而如上所述，高频声压可能会造成空化作用，从而破坏器件中腔体的液体成分，同时，高频振荡也会使液体光子器件的机械稳定性受到影响。

4.4.5　其他驱动

在基于弹性膜的液体光子器件中，通常会用到伺服马达、电动推杆和微型机械手臂来实现对弹性膜的曲率控制。这三种类型的驱动方式具有良好的机械稳定性和精准的调控性，因而在液体光子器件中也得到广泛使用。其缺点是驱动时间取决于电机控制系统，响应速度较慢。图 4.4.5(a) 为无刷伺服电机，图 4.4.5(b) 为电动推杆。

(a) 无刷伺服电机　　　　　　　　　　　(b) 电动推杆

图 4.4.5　其他驱动器

参 考 文 献

[1]　Lippmann G. Relations entre les phénomènes électriques et capillaries[J]. Annual Chemistry Physics, 1875, 5: 494-549.

[2]　Quilliet C, Berge B. Electrowetting: A recent outbreak[J]. Current Opinion in Colloid & Interface Science, 2001, 6(1): 34-39.

[3]　Mugele F, Baret J C. Electrowetting: From basics to applications[J]. Journal of Physics: Condensed Matter, 2005, 17(28): R705-R774.

[4]　Zappe H, Duppe C. Tunable Micro-Optics[M]. Cambridge: Cambridge University Press, 2016.

[5]　Verheijen H J J, Prins M W J. Reversible electrowetting and trapping of charge: Model and experiments[J]. Langmuir, 1999, 15(20): 6616-6620.

[6]　Peykov V, Quinn A, Ralston J. Electrowetting: A model for contact-angle saturation[J]. Colloid and Polymer Science, 2000, 278(8): 789-793.

[7]　Quinn A, Sedev R, Ralston J. Influence of the electrical double layer in electrowetting[J]. The Journal of Physical Chemistry B, 2003, 107(5): 1163-1169.

[8]　刘超. 电湿润驱动的液体光子器件研究[D]. 成都: 四川大学, 2016.

[9]　凌明祥. 基于介电润湿效应的微液滴操控研究[D]. 哈尔滨: 哈尔滨工业大学, 2011.

[10]　Kang K H. How electrostatic fields change contact angle in electrowetting[J]. Langmuir, 2002, 18(26): 10318-10322.

[11]　Ren H W, Wu S T. Introduction to Adaptive Lenses[M]. Weinheim: Wiley-VCH, 2012.

[12]　Berthier J. Micro-drops and Digital Microfluidics[M]. 2nd ed. Amsterdam: Elsevier, 2013.

[13]　Jones T B. Electromechanics of Particles[M]. Cambridge: Cambridge University Press, 1995.

[14]　Berthier J, Brakke K A. The Physics of Microdroplets[M]. Beverly: Scrivener Publishing, 2012.

[15]　Shapiro B, Moon H, Garrell R L, et al. Equilibrium behavior of sessile drops under surface tension, applied external fields, and material variations[J]. Journal of Applied Physics, 2003, 93(9): 5794-5811.

[16]　Jones T B, Wang K L, Yao D J. Frequency-dependent electromechanics of aqueous liquids: Electrowetting and dielectrophoresis[J]. Langmuir, 2004, 20(7): 2813-2818.

[17]　Boot H A H, Harvie R B R. Charged particles in a non-uniform radio-frequency field[J]. Nature, 1957, 180(4596): 1187.

[18]　Ballario C, Bonincontro A, Cametti C. Dielectric dispersions of colloidal particles in aqueous suspensions with low ionic conductivity[J]. Journal of Colloid and Interface Science, 1976, 54(3): 415-423.

[19]　Foster K R, Sauer F A, Schwan H P. Electrorotation and levitation of cells and colloidal

particles[J]. Biophysical Journal, 1992, 63 (1): 180-190.

[20] Pellat H. Mesure de la force agissant sur les die lectriques liquides non electrises places dans un champ electrique[J]. Comptes Rendus de l'Académie des Sciences, 1895, 119: 691-693.

[21] Jones T B, Perry M P, Melcher J R. Dielectric siphons[J]. Science, 1972, 174 (4015): 1232-1233.

[22] Jones T B. Liquid dielectrophoresis on the microscale[J]. Journal of Electrostatics, 2001, 51-52: 290-299.

[23] Jones T B, Gunji M, Washizu M, et al. Dielectrophoretic liquid actuation and nanodroplet formation[J]. Journal of Applied Physics, 2001, 89 (2): 1441-1448.

[24] 赵凯华, 陈熙谋. 电磁学——上册[M]. 2 版. 北京: 高等教育出版社, 1985.

[25] 梁百先. 电磁学教程[M]. 北京: 高等教育出版社, 1984.

[26] 张三慧. 大学物理学: 力学、电磁学[M]. 3 版. 北京: 清华大学出版社, 2009.

第 5 章　电控液体透镜

传统的光学系统是由单个或多组透镜组合而成的具有成像、显示等功能的系统。人们日常所见的放大镜就是最简单的单透镜成像系统。较为复杂的光学系统主要有望远系统、显微系统和投影系统等。光学系统不仅可用于日常的生活影像拍摄,也可为医疗和军事等领域提供重要的观测平台。随着微纳加工技术的发展,人们对传统的光学系统提出了更高的要求,光学系统的高度集成化和微型化已成为当下研究的主流。目前的光学系统中,主要是固体透镜的组合,总体过程一般涉及设计、加工和检测等诸多环节。固体透镜的材质通常为玻璃或高分子材料等,精度有限且成本较高。此外,使用固体透镜的变焦光学系统一般依靠外部的机械装置进行驱动和调节,不仅增加了成本,也使得光学系统难以实现集成化和微型化。

随着自适应液体光子器件的发展,液体透镜逐渐进入人们的视野。顾名思义,液体透镜就是由液体填充所形成的具有透镜功能的光学器件。传统光学系统的变焦主要依靠移动透镜的相对位置来实现,液体透镜的出现使得光学系统无需复杂的机械系统就可以实现光学变焦,因而被广泛应用于成像、显示、光学探测和生物监测系统中。这些系统有的是基于可调焦距的液体透镜阵列,有的是基于单独控制的一组液体透镜设计的。但无论哪种应用类型,都具有透镜焦距的自适应性和无机械部件损耗的优势。本章将主要介绍几类电控液体透镜的结构原理、光电性能和成像效果[1-3]。

5.1　电润湿液体透镜

法国学者 Berge 等是电润湿机理及应用的研究先驱,他们在 Lippmann 理论的基础上完善了电润湿理论,并在 1993 年提出了介质层上电润湿。2000 年,Berge 等提出了一种电润湿液体透镜[4],这款透镜也是后来 Varioptic 公司商业量产的液体透镜的雏形。

2004 年,飞利浦公司提出了一种基于电润湿液体透镜的微型成像系统,如图 5.1.1 所示[5]。该系统模型包括塑料透镜、玻璃透镜、液体透镜和图像传感器等,如图 5.1.1(a)所示。图 5.1.1(b)为该系统实物图。自此之后,电润湿液体透镜及其应用研究受到广泛关注,并逐渐向商业发展。

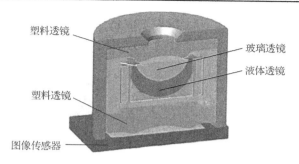

(a) 系统模型

(b) 系统实物图

图 5.1.1　基于电润湿液体透镜的微型成像系统

5.1.1　电润湿液体透镜的结构和原理

电润湿液体透镜最经典的结构为圆形腔体中填充两种或几种密度匹配且有一定折射率差的液体，其中必须有一种以上液体为导电液体。液体之间的密度匹配可保证液体透镜具有良好的机械稳定性。液体之间的折射率差越大，在同等驱动电压下获得的光焦度调节范围越大，越能提升单透镜的成像性能。在设计腔体时，根据电润湿驱动原理，需要在腔体内部设计介电层和疏水层。介电层采用高介电常数的电介质以确保在直流或交流电压驱动下液体透镜不被击穿。疏水层的设计有两个目的：一是使内部液体不黏附在腔体侧壁；二是使液体透镜中液-液界面有较大的接触角，以形成良好的液体透镜形貌。

电极的设计方式根据液体透镜的结构而定，电润湿液体透镜的结构和原理如图 5.1.2 所示。在该结构中，液体 1 为不导电光学油，液体 2 为导电液体，两电极分别在腔体侧壁和腔体底部，电极 1 连通介电层和疏水层，电极 2 连通导电液体，有效通光半径为 R。未加电压时，由于两液体之间的表面张力作用，液-液界面形成凸面，如图 5.1.2(a) 所示。外加电压后，由于电润湿效应，液-固界面接触角发生改变，进而液-液界面由凸面变成凹面，实现液体透镜焦距的自适应调整，如图 5.1.2(b) 所示。

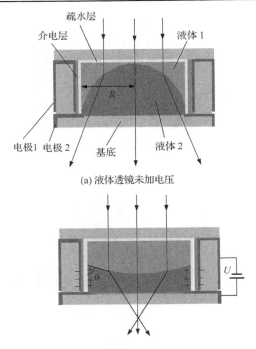

(a) 液体透镜未加电压

(b) 液体透镜外加电压

图 5.1.2　电润湿液体透镜的结构和原理

在此基础上可以进一步改进圆柱形腔体内部电极的分布，实现三层液体状态的调节，如图 5.1.3 所示。其中，液体 1 和液体 3 为导电液体，液体 2 为不导电光学油。在左侧电极施加电压后，由于电润湿效应，液体 1 和液体 2 之间的界面曲率发生改变，而液体 2 和液体 3 之间的界面曲率保持不变，此时焦距为 f_1，如图 5.1.3 状态 1 所示；同理，在右侧电极施加电压后，液体 2 和液体 3 之间的界面曲率发

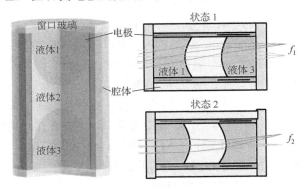

图 5.1.3　圆柱形电润湿液体透镜的结构和原理

生改变，而液体 1 和液体 2 之间的界面曲率保持不变，此时焦距为 f_2，如图 5.1.3 状态 2 所示，即通过在不同位置施加电压，实现了焦距调节功能。另外，圆柱形腔体有利于液体的稳定，通过在不同位置设计不同高度的电极结构，实现多层导电液体的曲率操控，可以增大液体透镜的光焦度变化范围[6, 7]。

为了获得较大的光焦度变化范围，基于卡塞格林望远镜的设计思想，在液体透镜腔体内部或透镜表面设计多重反射面，使光线在液体透镜内部多次反射，提升光焦度，如图 5.1.4(a) 所示。在外加电压后，液-液界面曲率的调节结合内部多重反射结构可有效提升光焦度的变化量，如图 5.1.4(b) 所示。但是结构中的圆形反射膜在一定程度上也降低了通光量，因此成像图像较暗[8, 9]。

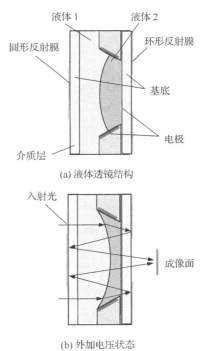

(a) 液体透镜结构

(b) 外加电压状态

图 5.1.4 多重环形反射电润湿液体透镜的结构和原理

5.1.2 电润湿液体透镜的制作流程

液体透镜外部腔体和基底一般为玻璃、多晶硅、聚甲基丙烯酸甲酯(polymethyl-methacrylate, PMMA)和聚二甲基硅氧烷(polydimethylsiloxane, PDMS)等材料。填充液体材料一般为两种或几种互不相溶的导电液体和不导电液体。导电液体一般为去离子水和离子化合物的混合溶液，不导电液体一般为与去离子水互不相溶的油性纯净物或混合物。

下面以图 5.1.3 所示的圆柱形电润湿液体透镜为例,介绍一种单透镜的制作流程,如图 5.1.5 所示(扫此图下方的二维码可查看彩图)。首先,圆柱形外壳中的柔性箔是由聚酰亚胺材料制成的,电极材料为氧化铟锡(indium tin oxide, ITO),介电层为碳化硅(SiC)和非晶硅(α-Si)依次黏合而成,疏水层为氟树脂材料,这样可以获得尽可能高的初始接触角,如图 5.1.5(a)所示。然后,将圆柱形外壳安装在耐热玻璃平板上,玻璃平板已经装配了电润湿驱动所需的环形电极和接地电极,其中环形电极由氧化铱材料制成,如图 5.1.5(b)所示。干膜用于形成对准结构,以便将圆柱形外壳精确安装到平板上。最后,将水性液体和油性液体充入腔体中,其中水性液体为水和光学液体的混合物,油性液体为激光液体。

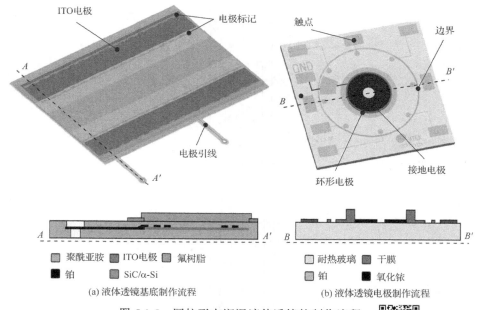

(a) 液体透镜基底制作流程　　　　　(b) 液体透镜电极制作流程

图 5.1.5　圆柱形电润湿液体透镜的制作流程

5.1.3　电润湿液体透镜的成像特性

本节以图 5.1.3 所示的圆柱形电润湿液体透镜为例,介绍电润湿液体透镜的成像特性。初始状态下,三层液体由于表面张力作用,呈现不同的液-液界面状态,如图 5.1.6(a)所示。在短焦模式(状态 1)下,上层透镜加载电压约为 63V,下层透镜加载电压约为 206V,电压的频率为 1kHz,如图 5.1.6(b)所示。在长焦模式(状态 2)下,上层透镜加载电压约为 193V,下层透镜加载电压约为 60V,电压的频率为 1kHz,曲率变化如图 5.1.6(c)所示。

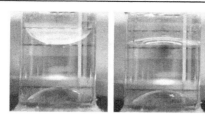

(a)初始状态　　　　　(b)短焦模式　　　　　(c)长焦模式

图 5.1.6　不同焦距模式下液体透镜液-液界面的状态

　　不同焦距模式下的液体透镜成像特性和调制传递函数(modulation transfer function, MTF)值的仿真结果如图 5.1.7 所示。该透镜实现了没有机械运动部件的全液体可调变焦功能,将其装配到物距为 200mm 和像距为 37mm 的成像系统中,可实现 1.5 倍的变焦比,且变焦过程中的分辨率优于 5lp/mm(线对/毫米)。

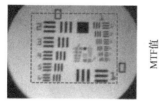
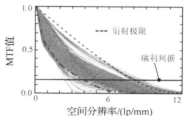

(a) 短焦模式的成像特性和仿真结果

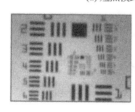
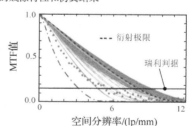

(b) 长焦模式的成像特性和仿真结果

图 5.1.7　电润湿液体透镜的成像特性和 MTF 值的仿真结果

5.1.4　电润湿液体透镜阵列的结构和原理

　　将单个液体透镜微型化和阵列化制成的透镜阵列具有响应快速和制作简单等优点,在人工复眼、快速平行光开关和多尺寸成像等领域具有应用潜力。一般电润湿液体透镜阵列的设计方式有两种:一是通过整片电极对透镜元进行控制,该类型的电润湿液体透镜阵列不能对单个透镜元进行精准调控;二是通过设计电极阵列来控制每个透镜元,优点是可以对某个特定透镜元的焦距进行调节。下面将简单介绍这两种设计方式下电润湿液体透镜阵列的结构和原理,具体制作流程与单个液体透镜类似，本节不再赘述。

基于整片电极驱动的电润湿液体透镜阵列的结构如图 5.1.8 所示，上下平板之间的距离为 h，在初始状态未加电压时，每个液体透镜元与上平板的接触角为 α，两平板中间液体与平板之间的接触角分别为 θ_t 和 θ_b。当在上下两电极施加电压时，由于电润湿效应，θ_t 和 θ_b 会发生变化，α 相应改变，所有透镜元的焦距同时发生变化[10]。

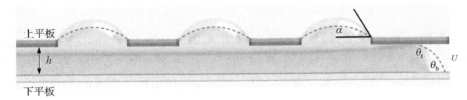

图 5.1.8　基于整片电极驱动的电润湿液体透镜阵列的结构

基于电极阵列驱动的电润湿液体透镜阵列的制作流程简述如下：在平板上刻蚀阵列电极，在电极中心位置安装透镜元腔体，保证电润湿驱动液体的平稳性和均匀性。将所有透镜元安装完毕后，再整体转移至 PDMS 柔性基底上，就完成了电润湿液体透镜阵列的制作。图 5.1.9 为基于电极阵列驱动的电润湿液体透镜阵列实物[11]。

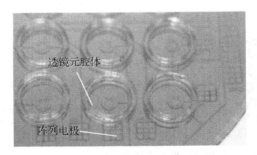

图 5.1.9　基于电极阵列驱动的电润湿液体透镜阵列实物

5.2　介电泳液体透镜

虽然电润湿液体透镜具有诸多优点，但是电润湿技术中电极与导电液体直接连通，在驱动期间容易产生蒸发和微气泡[12, 13]。介电泳原理是指自由介电分子在非均匀电场中会极化并受力移动，由此介电液体在非均匀电场中会发生形变，呈现与电润湿类似的特性。与电润湿液体透镜相比，介电泳液体透镜虽然使用两种液体，但既无需导电液体，也不会产生蒸发和微气泡等问题，仅需选择折射率和介电常数相差较大的两种或几种液体，因而进一步拓宽了液体的选择范围。但是介电泳液体透镜也存在一些难题亟待解决，如填充液体的密度较难匹配、机械稳定性欠佳等；同时，还需对驱动电极进行图案化设计，增加了研发和制造成本。

5.2.1　介电泳液体透镜的结构和原理

比较经典的介电泳液体透镜的结构和原理如图 5.2.1 所示。介电泳液体透镜由上平板、下平板、腔体、电极层和介质层组成。腔体由低介电常数液滴和高介电常数液滴填充。在初始状态时，液-液界面曲率半径为 R，如图 5.2.1(a) 所示。当外部电场作用时，高介电常数液滴会沿电场方向运动，挤压低介电常数液滴，液-液界面曲率半径发生改变，此时液-液界面曲率半径为 R_1，如图 5.2.1(b) 所示。再增大电压，可使曲率半径继续变化，实现透镜功能[14, 15]。

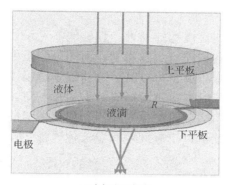

(a) 未加电压状态

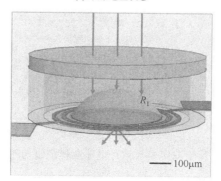

(b) 外加电压状态

图 5.2.1　介电泳液体透镜的结构和原理

外加电压后，液滴的形状发生改变，当其处在平衡态时，液滴主要受表面自由能作用，包括表面张力、介电泳力和重力效应。重力效应可由液体的邦德数预估得到，即

$$Bo = \frac{\Delta(\rho g z)}{\gamma / R} \tag{5.2.1}$$

$$\gamma\left(\frac{2}{R}\right) = \Delta P_0 + \Delta(\rho g z) + \Delta P_e \tag{5.2.2}$$

式中，γ 为液滴的表面张力；ρ 为液滴的密度；R 为液滴初始状态曲率半径；ΔP_0 为界面压力差；$\Delta(\rho g z)$ 为重力压差；ΔP_e 为电场压差。

对于一个具体的介电泳液体透镜，使用的液滴的表面张力为 0.02N/m，液滴的直径约为 500μm。若假定 $\Delta\rho$ 为 20kg/m³，在 79V 电压驱动下液滴的最大高度约为 150μm，则可知在初始状态时，液滴的直径和高度分别为 440μm 和 90μm，如图 5.2.1(b) 所示。可计算得到邦德数，约为 0.0006，该值说明，较表面张力而言，重力作用对液滴形状的影响微乎其微，也就是说界面压力差和电场压差在决定液体形状上起主要作用。

在经典的介电泳液体透镜基础上进一步延伸，可设计基于双层电极的介电泳液体透镜，其结构和原理如图 5.2.2 所示。不同于传统单面电极设计的方案，该设计中，顶层平板在一定程度上可以对形成的液体透镜接触角产生积极影响，顶层平板可增大对液体的附着力，进而形成较大的接触角。该结构中介电泳力由两组双面电极产生，显著增大了驱动电场，因此要获得相同变焦范围，驱动电压可大幅减小。同样，该设计也可扩展到电润湿液体透镜[16]。

(a) 未加电压状态

(b) 外加电压状态

图 5.2.2　基于双层电极的介电泳液体透镜的结构和原理

5.2.2　介电泳液体透镜的制作流程

本节以图 5.2.2 所示的基于双层电极的介电泳液体透镜为例，简述介电泳液体透镜的制作流程，如图 5.2.3 所示。首先，用食人鱼溶液(浓硫酸和 30%过氧化氢的混合物(体积比为 7∶3)，过氧化氢加入到浓硫酸中，顺序不能改变)清洗熔融石英玻璃晶片，将处理过的晶片在金属蒸发器中沉积铜层后，通过标准光刻工艺对电极进行图案化，如图 5.2.3（a）所示。然后，旋涂一层 SU-8（光刻负胶的一种）介电层，使得电极层绝缘，如图 5.2.3（b）所示。在保证晶片表面清洁的前提下，采用斜烤法增大 SU-8-2002 与晶片的附着力，介电层的厚度将直接影响介电泳力的大小。底部平板的最后一层是通过旋转涂层和图案化 SU-8-50 获得间隔层的，如图 5.2.3（c）所示。与 SU-8-2002 相似，采用斜烤法增大 SU-8-50 对晶片的附着力。最后，将底部平板使用六氟化硫（SF_6）等离子体于室内进行表面处理，使 SU-8 表面更加疏水。

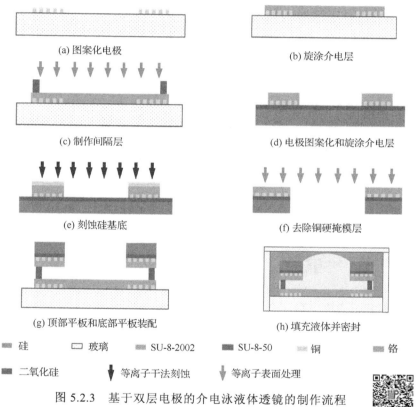

(a) 图案化电极

(b) 旋涂介电层

(c) 制作间隔层

(d) 电极图案化和旋涂介电层

(e) 刻蚀硅基底

(f) 去除铜硬掩模层

(g) 顶部平板和底部平板装配

(h) 填充液体并密封

▬ 硅　　▭ 玻璃　　▬ SU-8-2002　　▬ SU-8-50　　▬ 铜　　▬ 铬

▬ 二氧化硅　　⬇ 等离子干法刻蚀　　⬇ 等离子表面处理

图 5.2.3　基于双层电极的介电泳液体透镜的制作流程

　　顶部平板为硅片，用食人鱼溶液清洗后，在介电蒸发器中沉积二氧化硅层作为绝缘层，以避免平板和电极之间发生电流泄漏。与底部平板类似，沉积铜电极层，电极图案化后用湿法刻蚀成型，之后旋涂 SU-8-2002 介电层，方法和底部平板相同，如图 5.2.3（d）所示。图 5.2.3（e）为硅基底的干法刻蚀步骤。首先，用金属蒸发器沉积铬层，然后沉积一层铜硬掩模。铬层的作用是增大铜与 SU-8 的附着力，使干法刻蚀过程更加稳定，防止机械应力和热应力引起的掩模开裂。其中，铜硬掩模的制备过程与电极图案化类似，掩模在稀释的 APS-100 铜刻蚀剂中图案

化。将晶片置于低于 0.133Pa 的真空室中约 60min，以蒸发残留的溶剂，再用等
离子体硅干法刻蚀。在等离子体刻蚀机上，用六氟化硫等离子体刻蚀硅，干法刻
蚀时长约为 120min。在等离子刻蚀过程完成后，再次将液体透镜腔体放入稀释的
铜刻蚀剂溶液中，用以去除铜硬掩模层。随后在等离子体腔室中进行表面处理，
如图 5.2.3(f) 所示。该液体透镜的组装过程如图 5.2.3(g) 和 (h) 所示，顶部平板和
底部平板在显微镜下精确定位，在中心孔处加入硅油，周围填充多元醇溶液，最
后用一个玻璃盖来密封液体透镜。

5.2.3　介电泳液体透镜的成像效果

　　基于双层电极的介电泳液体透镜实物及成像效果如图 5.2.4(a) 所示。当液体
透镜的驱动电压从 0V 变化到 22V，驱动频率为 10kHz 时，左侧一组图像为施加
驱动电压时的表面曲率变化结果，右侧一组为撤去驱动电压恢复状态的表面曲率
变化结果，如图 5.2.4(b) 所示。传统设计的液体透镜驱动电压约为 100V，与传统
的单面驱动电极设计相比，双面电极结构设计的液体透镜的驱动电压可降低约
75%。由图 5.2.4(b) 可知，该透镜具有良好的分辨率。若未来要进一步降低液体
与固体表面之间的摩擦力，并有效提高焦距，则可从单个液体透镜扩展到液体透
镜阵列。

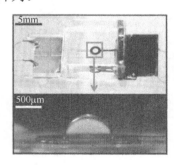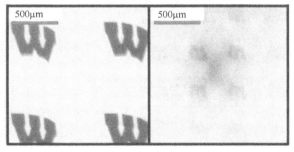

(a) 介电泳液体透镜实物及成像效果　　　　　　(b) 介电泳液体透镜不同焦距的成像效果

图 5.2.4　基于双层电极的介电泳液体透镜实物和成像效果

5.3　介电泳液体透镜阵列

　　介电泳液体透镜阵列的实现方式并非简单地将多个液体透镜进行阵列化排
布，其设计也具有特殊性，因此将介电泳液体透镜阵列单独列为一节进行介绍。
同时本节也将简单介绍介电泳液体柱透镜阵列，它是一种特殊的透镜阵列，可广
泛应用于 3D 显示等领域，是实现 2D/3D 兼容显示和切换的关键部件。

5.3.1　介电泳液体透镜阵列的结构和原理

介电泳液体透镜阵列的设计特色主要集中在电极上, 图 5.3.1 为一种基于条形电极的介电泳液体透镜阵列的结构和原理。在透镜单元中, 两种不混溶且介电常数不同的介电液体夹在电极之间, 其中底部电极是带孔图案, 顶部是一整片的连续电极。施加的电压在空穴区域附近产生不均匀的电场, 产生的介电泳力会将低介电常数液体分成许多部分, 每个部分被推到其相邻的孔中, 如图 5.3.1(a) ~ (c) 所示, 其中, $U_1<U_2$。当趋于平衡时, 被高介电常数液体包围的空间会形成液体透镜阵列, 每个液滴均能实现透镜特征和功能。当撤去电压时, 液滴稍微松弛, 但仍保持一定的接触角, 重新加载电压将再次使液滴从松弛状态变为收缩状态, 从而改变焦距, 如图 5.3.1(d) 所示。基于此设计的介电泳液体透镜阵列单元具有易于制造、结构紧凑和孔径可应光电系统尺寸拓展等优点[17]。

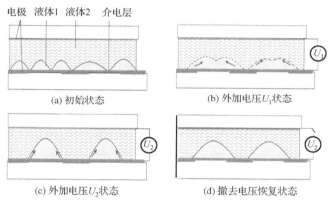

(a) 初始状态　　　　　　　　　(b) 外加电压U_1状态

(c) 外加电压U_2状态　　　　　　(d) 撤去电压恢复状态

图 5.3.1　基于条形电极的介电泳液体透镜阵列的结构和原理

在此结构的基础上, 设计凹面阵列电极可有效提升介电泳液体透镜阵列的光焦度调节能力, 如图 5.3.2 所示。将低介电常数液体(液体 1)填充在凹面电极内部, 在其周围填充高介电常数液体(液体 2), 在初始状态时, 介电泳液体透镜阵列中每个透镜的焦距为 f_1, 如图 5.3.2(a) 所示; 施加电压后, 底部凹面电极阵列和顶部平面电极形成非均匀电场, 液体 2 由于介电泳力作用, 将挤压液体 1 发生形变, 继而每个透镜的焦距发生改变, 如图 5.3.2(b) 所示。

该设计与图 5.3.1 所示设计的最大区别在于凹面电极阵列的设计和制作。凹面电极有两个功能: 一是在外加电压后透镜可以获得更大的光焦度, 若获得同等光焦度, 则驱动电压可大幅降低; 二是可以抑制填充液体的漂移。因此, 基于凹面电极的介电泳液体透镜阵列较基于条形电极的介电泳液体透镜阵列具有更高的稳定性[18]。

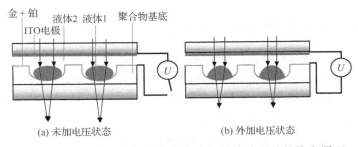

(a) 未加电压状态　　　　(b) 外加电压状态

图 5.3.2　基于凹面电极的介电泳液体透镜阵列的结构和原理

5.3.2　介电泳液体透镜阵列的制作流程

　　本节以图 5.3.2 所示的基于凹面电极的介电泳液体透镜阵列为例,简述介电泳液体透镜阵列的制作流程, 如图 5.3.3 所示。该流程涉及四个步骤:首先, 将黏合剂注入玻璃池,用预先研制的玻璃平凸透镜阵列作为压印模具, 如图 5.3.3(a)所示。然后, 用紫外光照射, 剥离压印模具, 凝固的凹面透镜图案留在底部玻璃平板上,如图 5.3.3(b)所示。接着, 使用溅射镀膜机装配金和铂电极,如图 5.3.3(c)所示。最后, 将硅油和光学液体 SL-5267 填充到腔体内部, 再用 ITO 的平板玻璃作为顶部平板来密封整个液体透镜, 如图 5.3.3(d)所示。在 $\lambda=550\text{nm}$ 时, 介电泳液体透镜阵列的总透过率约为 50%,这时损耗主要来自金属电极的吸收和界面反射,通过优化底部电极的材料和厚度, 以及在基底上沉积减反膜可以提高透过率。

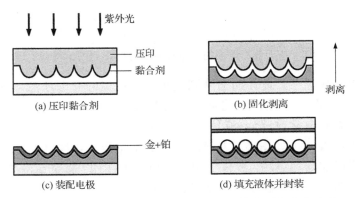

(a) 压印黏合剂　　　　(b) 固化剥离

(c) 装配电极　　　　(d) 填充液体并封装

图 5.3.3　基于凹面电极的介电泳液体透镜阵列的制作流程

5.3.3　介电泳液体透镜阵列的成像效果和光电特性

　　上述基于凹面电极的介电泳液体透镜阵列的成像效果和光电特性如图 5.3.4 所示。当驱动电压从 0V 逐渐增大到 60V 时, 透镜阵列的焦距发生改变, 随着驱动电压提高至 88V，达到聚焦状态，如图 5.3.4(a) 所示。在此状态下，透镜阵列焦距达到 1.4mm，此时接触角为 62.5°，如图 5.3.4(b) 所示。若用频率为 300Hz、电压为 60V 的方形脉冲电压激励液体透镜，则测得的上升时间和下降时间分别为 30ms 和 250ms。

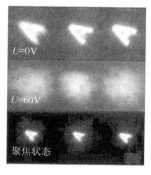

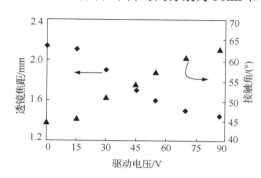

(a) 不同驱动电压状态下的成像结果　　　　(b) 焦距和接触角与驱动电压的关系

图 5.3.4　基于凹面电极的介电泳液体透镜阵列的成像效果和光电特性

5.3.4　介电泳液体柱透镜阵列

介电泳液体柱透镜阵列具有响应快和成本低的优点，一种典型的介电泳液体柱透镜阵列的结构和原理如图 5.3.5 所示。

首先在透明平板上覆盖了聚氯乙烯(polyvinyl chloride, PVC)/邻苯二甲酸二丁酯(dibutyl phthalate, DBP)凝胶层，如图 5.3.5(a) 所示，其中电极为交叉型设计，如图 5.3.5(b) 所示。在外加直流电压后，透明平板上的交错式电极使凝胶层形成像正弦曲线一样的褶皱形貌，如图 5.3.5(c) 所示。通过切换正负电压可形成不同曲率的液体柱透镜阵列，如图 5.3.5(d) 所示[19]。

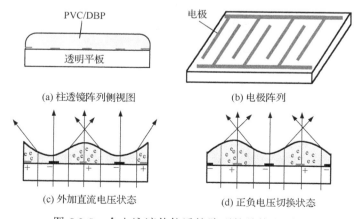

(a) 柱透镜阵列侧视图　　　　　　　　(b) 电极阵列

(c) 外加直流电压状态　　　　　　　　(d) 正负电压切换状态

图 5.3.5　介电泳液体柱透镜阵列的结构和原理

在初始未加电压时，PVC/DBP 凝胶薄膜表面平坦，没有透镜特性。该膜可以简单地使用光学显微镜进行评估，将薄膜放置在光学显微镜的载物台上，并将 USAF-1951 分辨率靶放置在膜下，观察到的图像用电荷耦合元件(charge-coupled device, CCD)相机记录下来，如图 5.3.6(a)所示。此时，图像清晰，最多可分辨第 6 组的第 3 号元素，相应的分辨率约为 80lp/mm。这一结果表明凝胶薄膜是高度透明的，表面变形可忽略不计。当向电极施加直流电压时，图像仅在垂直于 ITO 条纹的方向上扩展。图 5.3.6(b)为外加电压为 50V 时的图像，此时图像变得模糊，仅在水平方向上扩展。模糊的图像意味着镜头生效，但处于离焦状态，图像在水平方向扩展意味着透镜是双凸透镜。此外，由于 ITO 条纹较窄，衍射效应也存在于图像中。

(a) $U=0$V的状态

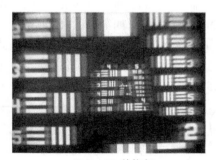

(b) $U=50$V的状态

图 5.3.6　介电泳液体柱透镜阵列的成像效果

结果表明，当施加的电压从 0V 增加到 50V 时，阵列中每个透镜的焦距可以从无穷大调节到约 83μm。当阳极和阴极切换时，波的波峰(波谷)可以转换成波谷(波峰)。因此，每个透镜的焦距可以大幅度调节，且动态响应较快，驱动电压较低。由于该液体柱透镜阵列具有制备简单、结构紧凑、光学各向同性和高机械稳定性等优点，可将其应用在成像、光束控制、生物测定和 3D 显示等方面。

5.4　静电力液体透镜

静电力液体透镜一般有两种实现方式：一是通过设计电极结构，在施加电压后正负电极吸引挤压弹性膜，使得弹性膜发生形变，进而改变液体透镜的曲率；二是仍然需要设计相应的电极结构，但不同的是在施加电压后，液体透镜内部的导电液体会因腔体电场的分布而向某一方向运动，实现变焦透镜的功能。静电力液体透镜具有机械结构稳定和响应快速等优点。

5.4.1　基于聚合物弹性膜的静电力液体透镜

1.　静电力液体透镜的结构

图 5.4.1 为基于聚合物弹性膜的静电力液体透镜的结构，其设计的基本思想是利用正负电极的吸引改变内部弹性膜的曲率。在该结构中，弹性膜在真空中直接沉积在液滴上，真空中进行沉积有助于保持球形液滴形状，以便可以作为透镜使用。弹性膜在物化特性上是稳定的，并可以保护液滴不受外界影响，但它非常薄且柔韧，允许液滴变形，在静电力驱动下，挤压或拉伸弹性膜，可使得包裹的液体发生形变，实现变焦功能[20]。

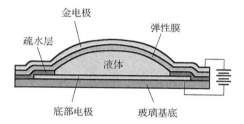

图 5.4.1　基于聚合物弹性膜的静电力液体透镜的结构

2.　静电力液体透镜的制作

在静电力液体透镜制作过程中，聚对二甲苯(parylene)可以在低压条件下直接化学沉积在非挥发性液体上。因此，将这种柔性亚微米聚合物弹性膜覆盖在液滴表面时，被封装的液滴可保持良好的形态和表面柔韧性。此外，用原子力显微镜测量，聚对二甲苯膜是光滑的，表面粗糙度为几纳米，足够用于光学用途。聚对二甲苯沉积通常在固体基底上进行，沉积过程可以在室温或低温下进行。在液体表面沉积也可以用同样的方法。封装液滴的形状可以通过静电相互作用改变，液体可从甘油和液体石蜡等低蒸气压液体中选择。由于聚对二甲苯层包裹的液滴具有高机械强度和高柔性，所以可以在此薄膜外表额外镀金属层，厚度可以达到几纳米，即可制造透明导电膜。沉积包裹后最大可形成 30mm 的球形表面轮廓，大约是硅油毛细管长度的 17 倍。图 5.4.2 为不同电压驱动下静电力液体透镜的俯视图及形貌变化侧视图，可见在 0～75V 电压驱动下该液体透镜具有不同的形貌和焦距。

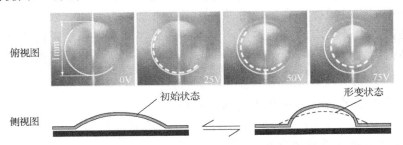

图 5.4.2　不同电压驱动下静电力液体透镜的俯视图及形貌变化侧视图

3.　静电力液体透镜的成像效果

依据以上方法可以制作直径为 20μm～30mm 的静电力液体透镜阵列，透镜阵列及局部透镜元成像效果如图 5.4.3 所示，在驱动过程中电场分布和透镜受力满足静电学的基本定理。当施加电压时，电极上会积累电荷，在静电力的作用下透镜阵列中每个单透镜的图形顶部都发生变形，静电力主要是围绕其圆形周边产生的，由于内部的液体体积恒定，所以液滴的高度增加，其圆形底部的半径减小，整个液滴的总表面积增大，直到静电力和聚对二甲苯薄膜因变形而产生的弹力平衡。由于弹性膜的变形，单透镜表面曲率增大，导致焦距减小。在变形过程中，单透镜尺寸仅为 1mm，可近似为球形。

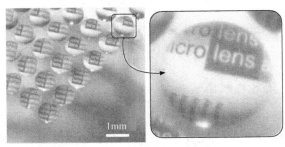

图 5.4.3　静电力液体透镜阵列及局部透镜元成像效果

静电力液体透镜的高度和弹性膜的厚度直接影响透镜的焦距。当静电力液体透镜的直径为 1mm，厚度和高度分别为 1.5μm 和 96μm 时，在 0～300V 的电压驱动下液体透镜对应的焦距为 1.8～2.4mm；当静电力液体透镜的直径为 1mm，厚度和高度分别为 1.0μm 和 60μm 时，在 0～250V 的电压驱动下液体透镜对应的焦距为 0.7～3.7mm，如图 5.4.4(a)所示。当外加电压为 0V 和 150V 时，液体透镜在不同电压下的成像效果如图 5.4.4(b)所示。

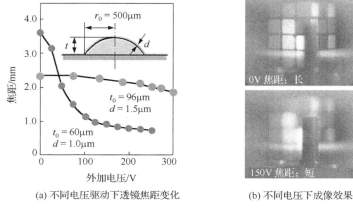

(a) 不同电压驱动下透镜焦距变化　　　　　(b) 不同电压下成像效果

图 5.4.4　基于聚合物弹性膜的静电力液体透镜的成像效果

5.4.2　基于静电平行板驱动的静电力液体透镜

1. 静电力液体透镜的结构和原理

一种基于静电平行板驱动的静电力液体透镜由聚合物弹性膜制成，聚合物弹性膜将高介电常数液体封装在玻璃晶片上部的空腔中。位于聚合物弹性膜下方和玻璃晶片上的环形电极形成静电平行板致动器，如图 5.4.5(a)所示。初始状态未加电压时，聚合物弹性膜无任何形变，透镜焦距近似为无穷远，如图 5.4.5(b)所示。通过在电极之间施加电压，产生的静电驱动减小了两电极之间的间隙，并将液体挤向透镜的中心，改变了弹性膜的曲率，进而实现透镜功能，如图 5.4.5(c)所示[21]。

当两电极之间存在电势差时，两电极会因静电力的作用而逐渐靠近，导致弹性膜形状和透镜曲率半径发生改变，致动器可以直接集成在弹性膜上，不需要移

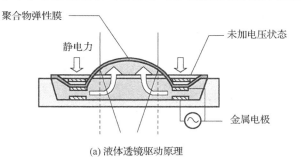

(a) 液体透镜驱动原理

(b) 初始状态　　　　　　　　　　　　(c) 外加电压状态

图 5.4.5　基于静电平行板驱动的静电力液体透镜的结构和原理

动腔室，并且光学区域由内部区域的电极限定，使得可设计的透镜尺寸范围增大。此外，可通过选择高相对介电常数的介质来增强静电力。

聚合物弹性膜的位移是通过静电力和机械回复力的平衡获得的，机械回复力主要由聚合物弹性膜的杨氏模量、残余应力和厚度决定。在大形变的情况下，均匀载荷 P_m 和包括残余应力的圆形膜中心偏转 w_0 之间的关系可以表示为

$$P_\mathrm{m} = 4\sigma \frac{hw_0}{R^2} + 3.19E \frac{hw_0^3}{R^4} \tag{5.4.1}$$

式中，h 为弹性膜的厚度；R 为弹性膜曲率半径；E 为弹性膜的杨氏模量；σ 为残余应力。

对于给定的电极位移，由于液体体积守恒，假设电极(光学区域)内的弹性膜曲率为抛物线型，则能推导出弹性膜在空腔中心的位置。测量弹性膜的中心偏转，并假设该压力由静电力提供，即可计算出透镜的焦距。

2. 静电力液体透镜的制作流程

图 5.4.6 为该静电力液体透镜的工艺制作流程。首先，在硅片上使用等离子体增强化学气相沉积形成二氧化硅层，该层将用作深度反应离子刻蚀停止层；然后固化一层透明柔性聚合物弹性膜和第一个环形金属电极，聚合物弹性膜的材料是聚对二甲苯；在玻璃晶片上，第二个环形金属电极以类似的方式形成；最后在空腔中填充液体，将两腔体对准封装完成液体透镜的制作。

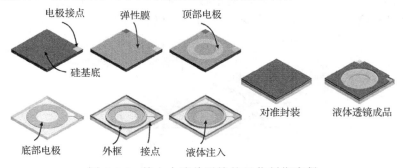

图 5.4.6　静电力液体透镜的工艺制作流程

3. 静电力液体透镜的光电特性

图 5.4.7(a)为该静电力液体透镜电压开启和电压关闭的时间以及对应的光功率变化结果图,其中Δt_1、Δt_2分别为上升时间和下降时间,两者均小于 1s。图 5.4.7(b)为在不同电压驱动下的液体透镜光焦度变化关系。由图可知,在交流电压 22V 时,光焦度可达 8D(m^{-1}),其中 D 为光焦度单位:屈光度(dioptre)。然而,在这些测量中没有评估像差和波前差。

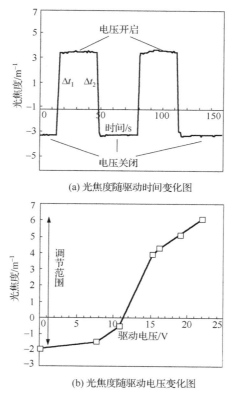

(a) 光焦度随驱动时间变化图

(b) 光焦度随驱动电压变化图

图 5.4.7 静电力液体透镜的光焦度与时间和驱动电压的关系

该静电力液体透镜的成像效果如图 5.4.8 所示。使用液体透镜分别对位于 270cm、19cm 和 7cm 处的物体进行拍摄,在不同驱动电压下可清晰观察不同层面的图像。

与其他静电力液体透镜相比,该静电力液体透镜具有非常紧凑的特点,尺寸为 6.0mm×6.0mm×0.7mm;由于致动器直接集成到聚合物弹性膜上,驱动电压可低至 25V 以下。

(a)270cm,U=0V　　　　　　(b)19cm,U=15V　　　　　　(c)7cm,U=22V

图 5.4.8　静电力液体透镜的成像结果

　　本节介绍的静电力液体透镜主要是通过设计特殊的电极结构来间接地调控液-液界面曲率，其中弹性膜不仅能对填充液体进行保护和覆盖，也起到辅助调控焦距的作用。而电润湿液体透镜和介电泳液体透镜均是直接通过电场调控液体接触角，从而改变液-液界面曲率，无须借助弹性膜或其他部件辅助变焦。三者的区别是显而易见的。

参 考 文 献

[1]　Lee J S, Kim Y K, Won Y H. Novel concept electrowetting microlens array based on passive matrix[J]. IEEE Photonics Technology Letters, 2016, 28(2): 167-170.

[2]　Grinsven K L V, Ashtiani A O, Jiang H R. Fabrication and actuation of an electrowetting droplet array on a flexible substrate[J]. Micromachines, 2017, 8(11): 334.

[3]　Li L, Wang J H, Wang Q H, et al. Displaceable and focus-tunable electrowetting optofluidic lens[J]. Optics Express, 2018, 26(20): 25839-25848.

[4]　Berge B, Peseux J. Variable focal lens controlled by an external voltage: An application of electrowetting[J]. The European Physical Journal E, 2000, 3(2): 159-163.

[5]　Kuiper S, Hendriks B H W. Variable-focus liquid lens for miniature cameras[J]. Applied Physics Letters, 2004, 85(7): 1128-1130.

[6]　Kopp D, Brender T, Zappe H. All-liquid dual-lens optofluidic zoom system[J]. Applied Optics, 2017, 56(13): 3758-3763.

[7]　Choi H, Won Y. Fluidic lens of floating oil using round-pot chamber based on electrowetting[J]. Optics Letters, 2013, 38(13): 2197-2199.

[8]　Li L, Liu C, Ren H W, et al. Annular folded electrowetting liquid lens[J]. Optics Letters, 2015, 40(9): 1968-1971.

[9]　Li L, Liu C, Ren H W, et al. Optical switchable electrowetting lens[J]. IEEE Photonics Technology Letters, 2016, 28(14): 1505-1508.

[10]　Murade C U, van der Ende D, Mugele F. High speed adaptive liquid microlens array[J]. Optics Express, 2012, 20(16): 18180-18187.

[11] Li C H, Jiang H R. Electrowetting-driven variable-focus microlens on flexible surfaces[J]. Applied Physics Letters, 2012, 100 (23): 231105.

[12] Liu C, Wang Q H, Yao L X, et al. Adaptive liquid lens actuated by droplet movement[J]. Micromachines, 2014, 5 (3): 496-504.

[13] Kopp D, Zappe H. Tubular focus-tunable fluidic lens based on structured polyimide foils[J]. IEEE Photonics Technology Letters, 2016, 28 (5): 597-600.

[14] Cheng C C, Yeh J A. Dielectrically actuated liquid lens[J]. Optics Express, 2007, 15 (12): 7140-7145.

[15] Yang C C, Tsai C G, Yeh J A. Miniaturization of dielectric liquid microlens in package[J]. Biomicrofluidics, 2010, 4 (4): 043006.

[16] Almoallem Y D, Jiang H R. Double-sided design of electrodes driving tunable dielectrophoretic miniature lens[J]. Journal of Microelectromechanical Systems, 2017, 26 (5): 1122-1131.

[17] Ren H W, Wu S T. Tunable-focus liquid microlens array using dielectrophoretic effect[J]. Optics Express, 2008, 16 (4): 2646-2652.

[18] Xu S, Lin Y J, Wu S T. Dielectric liquid microlens with well-shaped electrode[J]. Optics Express, 2009, 17 (13): 10499-10505.

[19] Xu M, Jin B Y, He R, et al. Adaptive lenticular microlens array based on voltage-induced waves at the surface of polyvinyl chloride/dibutyl phthalate gels[J]. Optics Express, 2016, 24 (8): 8142-8148.

[20] Binh-Khiem N, Matsumoto K, Shimoyama I. Polymer thin film deposited on liquid for varifocal encapsulated liquid lenses[J]. Applied Physics Letters, 2008, 93 (12): 124101.

[21] Pouydebasque A, Bridoux C, Jacquet F, et al. Varifocal liquid lenses with integrated actuator, high focusing power and low operating voltage fabricated on 200mm wafers[J]. Procedia Engineering, 2011, 172 (1): 280-286.

第6章 其他液体透镜

除了第 5 章中介绍的几类电控液体透镜之外，研究人员还发明了其他液体透镜。其中，液压液体透镜、气压液体透镜、热压液体透镜和声压液体透镜等机械力液体透镜因具有制作成本低、稳定性高和易于光电集成的优点，已在诸多光学成像系统中得到应用。这几类液体透镜一般需要利用外部电控装置以机械力的方式驱动透镜腔体内部的液体发生运动或位移，进而实现自适应变焦。另外，基于弹性体材料和水凝胶材料的液体透镜、压电效应液体透镜和电磁液体透镜在一些特殊场景也得到应用[1-7]。本章将阐述这几类液体透镜的结构和原理、制作流程及光电特性。

6.1 液压液体透镜

液压液体透镜通过向透镜内注入或抽出液体来改变液压，进而驱动透镜形变来调节焦距。本节将介绍一种典型的液压液体透镜的结构和原理、制作流程及成像效果和光电特性。

6.1.1 液压液体透镜的结构和原理

图 6.1.1 为一种液压液体透镜的结构，该液体透镜由微通道、透镜基底、PDMS弹性膜和透镜腔体组成。微通道连接注射器，注射器安装在注射泵上。PDMS弹性膜用于形成透镜面型，由外部注射泵施加的流体压力驱动，液体透镜焦距随

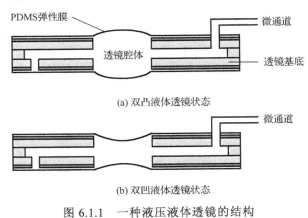

(a) 双凸液体透镜状态

(b) 双凹液体透镜状态

图 6.1.1 一种液压液体透镜的结构

PDMS 弹性膜的形变而动态调制。通过微通道将流体注入透镜腔体中，弹性膜会向外凸起，形成双凸液体透镜，如图 6.1.1(a)所示。同理，当通过微通道将流体从透镜腔体抽出时，弹性膜会向内凹陷，形成双凹液体透镜，如图 6.1.1(b)所示[8]。

6.1.2 液压液体透镜的制作流程

上述液压液体透镜的制作流程如图 6.1.2 所示。首先用带有氧化层的晶片制备微通道和透镜腔体，使用 AZ4903 正光刻胶掩蔽氧化物层后采用紫外光光刻工艺完成图案的制作。在晶片上涂抗蚀剂，在高温条件下持续进行抗蚀剂的软烘烤。在与光掩模进行适当的比对后，用图案掩模将抗蚀剂涂层基片暴露在紫外光中。然后利用 AZ400K 正光刻胶显影剂对已曝光的晶片进行显影。光刻后，将晶片浸入缓冲氧化物刻蚀剂溶液中，从图案结构中刻蚀氧化层。在对氧化层进行图案化后，对晶片进行感应耦合等离子体(inductively coupled plasma, ICP)刻蚀。

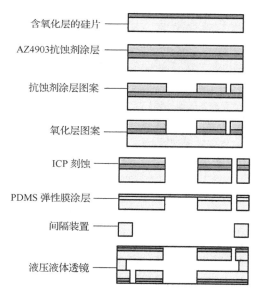

含氧化层的硅片

AZ4903抗蚀剂涂层

抗蚀剂涂层图案

氧化层图案

ICP 刻蚀

PDMS 弹性膜涂层

间隔装置

液压液体透镜

图 6.1.2 液压液体透镜的制作流程

PDMS 弹性膜的制作流程如下：首先在真空条件下用三氯硅烷对硅片表面进行处理，增强抗黏着性能。然后将 PDMS 弹性体材料在晶片上旋转，形成 PDMS 层，进而固化。固化后的 PDMS 层表面经过氧气等离子体处理，与 ICP 刻蚀的硅样品和透镜腔体结合，在它们之间形成强共价键。该方法可以将 PDMS 层从自旋涂覆的平板直接转移到 ICP 刻蚀的样品上，从而形成柔性透镜膜，而不需要将

PDMS 弹性膜从平板上剥离。最后将两个带有 PDMS 弹性膜的样品通过间隔单元连接起来，形成一个微通道。

　　以上就是完整的液压液体透镜制作流程，可成功制造出直径为 500~4000μm 的液压液体透镜。

6.1.3　液压液体透镜的成像效果和光电特性

　　在该液压液体透镜的初始状态时，透镜腔体充满 20μL 的流体(平透镜体积)。为使液体透镜成为双凸和双凹面型，将流体以 3μL/min 的速率泵入或泵出透镜腔体，用 CCD 相机每 10s 捕获一幅图像。液体泵入体积 V_1 为 0~14μL 时形成的双凸液体透镜成像效果如图 6.1.3(a)所示；液体泵出体积 V_2 为 0~13μL 时形成的双凹液体透镜成像效果如图 6.1.3(b)所示。从图像中可以观察到，双凹液体透镜比双凸液体透镜具有更大的视场角，并且随着泵入或泵出透镜腔体的流体体积的增加(随着焦距的减小)，捕获图像的分辨率降低，这可能是由双凸液体透镜和双凹液体透镜像差导致的。

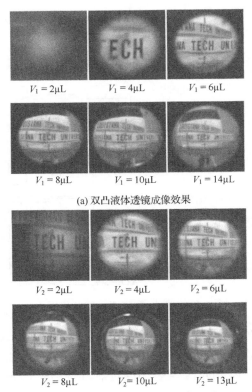

(a) 双凸液体透镜成像效果

(b) 双凹液体透镜成像效果

图 6.1.3　液压液体透镜在不同流体体积下的成像效果

　　从图 6.1.3 可以看出，由于该液体透镜中存在较大像差，若将其用于大视场角图像捕获的照相系统中，则图像的清晰度过低。此时，可以通过使用折射率较高的流体来提高分辨率。其他高分子材料，如水凝胶和丙烯酸凝胶也可以作为弹性膜在透镜中使用，若与液体透镜的填充材料进行匹配，也可适当校正部分像差，提升成像质量。

　　图 6.1.4(a) 和 (b) 分别为双凸液体透镜和双凹液体透镜的焦距、视场角随流体体积变化的关系。当流体被泵入或泵出透镜腔体时，相应的双凸液体透镜或双凹液体透镜的焦距随着曲率半径的减小而减小。随着双凸液体透镜或双凹液体透镜焦距的减小，视场角逐渐增大。实验表明双凸液体透镜最大视场角是 61°，可变焦距为 3.1～75.9mm；双凹液体透镜的最大视场角是 69°，可变焦距为–75.9～–3.3mm。

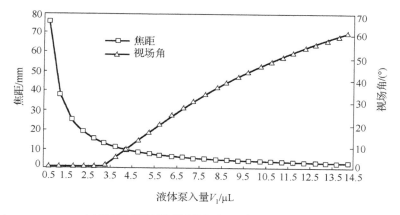

(a) 双凸液体透镜焦距和视场角与液体泵入量的关系

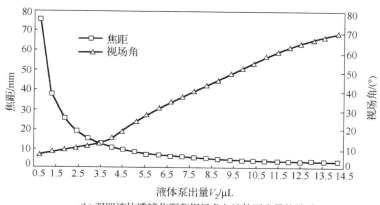

(b) 双凹液体透镜焦距和视场角与液体泵出量的关系

图 6.1.4　液压液体透镜的焦距和视场角与流体体积变化的关系

6.2　气压液体透镜

与液压液体透镜相比，气压液体透镜是通过向透镜内液体注入或抽出气体来改变透镜内的液压，进而驱动透镜形变来调节焦距。本节将介绍一种典型气压液体透镜的结构和原理、制作流程及光电特性。

6.2.1　气压液体透镜的结构和原理

本节介绍一种典型的气压液体透镜，它主要由弹性体基底、弹性膜和微流控通道组成，如图 6.2.1(a)所示。在气压驱动下，可通过微流控通道调节液体透镜腔体内液体的体积，液体透镜曲率随弹性膜的曲率变化而动态调制。该液体透镜既可以通过改变充入液体的体积来变焦距，也可以通过改变填充介质来改变焦距。

当输入或输出气体时，该液体透镜腔体内部压强发生改变，分别形成双凸或半月形液体透镜，如图 6.2.1(b)和(c)所示。不同折射率的液体决定了焦距的可调范围，若该液体透镜的折射率高于负弹性体基底的折射率，则正压下是高光焦度会聚透镜，负压下是低光焦度发散透镜，反之亦然。该液体透镜的曲率主要取决于弹性膜的面型，研究表明弹性膜形变量与压力的立方根成正比，与厚度的立方根成反比[9]。

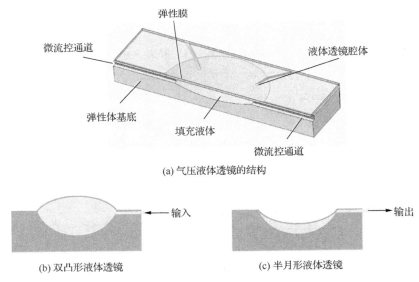

(a) 气压液体透镜的结构

(b) 双凸形液体透镜　　　　　　　　　(c) 半月形液体透镜

图 6.2.1　气压液体透镜的结构和原理

6.2.2 气压液体透镜阵列的制作流程

多个上述气压液体透镜很容易通过微流控通道网络连接形成液体透镜阵列，应用于波前传感器、光束整形和光束匀化等方面。气压液体透镜阵列的制作流程及气压液体透镜实物如图 6.2.2 所示。为了确定微流控通道网络的模型和液滴的形状，首先在硅平板上模压 SU-8 光致抗蚀剂作为弹性体基底模型，并将光聚合物添加到硅平板上的疏水环空隙中，由于疏水环限定区域表面平整均匀，光聚合物呈凸形，如图 6.2.2(a) 所示；然后，在液体透镜阵列模具上旋涂防黏涂层，用 PDMS 弹性材料复制液体透镜阵列，高温烘烤后，从模具上剥离，就形成了弹性体基底阵列，如图 6.2.2(b)～(d) 所示；最后，将弹性体基底阵列同弹性膜黏合，

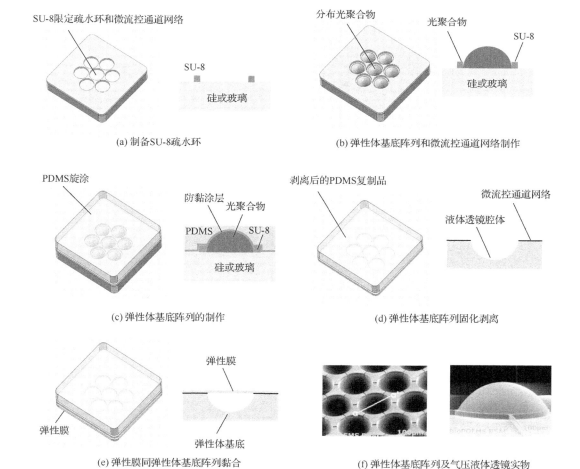

图 6.2.2　气压液体透镜阵列的制作流程及气压液体透镜实物

其中弹性膜是在另一种具有光致抗黏性层的硅衬底上制备的。弹性体基底阵列和弹性膜经过等离子体处理后结合在一起，再直接从基片上分离，液体透镜阵列的制作完成，如图 6.2.2(e)所示。弹性体基底阵列及气压液体透镜实物如图 6.2.2(f)所示。

6.2.3　气压液体透镜的光电特性

在不同厚度和直径下，气压液体透镜中弹性膜的最大形变量与外加压力的关系如图 6.2.3 所示。在–10～10kPa 的压力范围内，直径恒定为 500μm，不同弹性

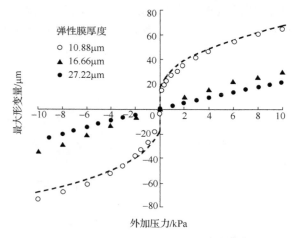

(a) 弹性膜厚度不同，直径恒定为500μm

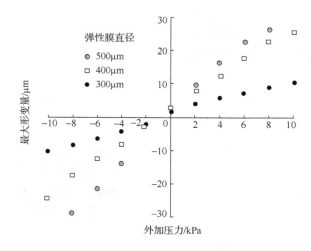

(b) 弹性膜直径不同，厚度恒定为16.66μm

图 6.2.3　弹性膜的最大形变量与外加压力的关系

膜厚度的形变量如图 6.2.3(a) 所示。在最大形变量远大于弹性膜厚度的情况下，最大形变量与外加压力成正比。在恒定厚度下，不同弹性膜直径随外加压力变化的形变量如图 6.2.3(b) 所示。根据测量可知，当弹性膜厚度一定时，最大形变量与外加压力近似呈线性关系；在同等压力下，弹性膜直径越大，最大形变量越大。

　　根据填充介质的折射率，用波长 535nm 的激光测量该液体透镜的焦距，测量装置如图 6.2.4(a) 所示。每个液体透镜的直径为几百微米，因此需要用显微镜进行观察。当该液体透镜中的填充液体分别为水和油 (折射率分别为 1.33 和 1.52) 时，外加压力和 F 数 (焦距与入射光瞳直径的比值) 的关系如图 6.2.4(b) 所示。由图 6.2.4(b) 可知，在 10kPa 压力驱动下，填充水和油时，该液体透镜的 F 数约为 3.2 和 1.9。

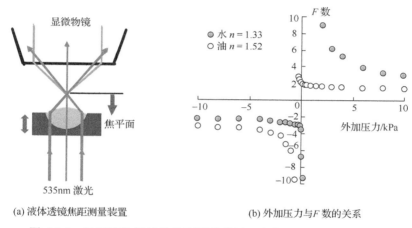

(a) 液体透镜焦距测量装置　　　　　　　　(b) 外加压力与 F 数的关系

图 6.2.4　气压液体透镜的焦距测量装置及外加压力与 F 数的关系

6.3　热压液体透镜

　　热压液体透镜利用气体的热胀冷缩原理通过加热与散热的方式驱动液体透镜形变，进而调节焦距。本节将介绍一种典型热压液体透镜的结构和原理、制作流程及光电特性。

6.3.1　热压液体透镜的结构和原理

　　本节介绍一种热压液体透镜，它由镍铬 (NiCr) 热压致动器、流体通道和液体透镜腔体三部分组成，如图 6.3.1(a) 所示。NiCr 热压致动器由金属加热器和弹性膜组成，如图 6.3.1(b) 所示。当电源给 NiCr 热压致动器供电时，金属加热器引起气室内体积变化，空气压力使弹性膜发生形变，压力载荷在流体的各个方向上都是均匀施加的，从而通过流体通道传递到液体透镜腔体，弹性膜随之发生形变，使该液体透镜的焦距发生改变，如图 6.3.1(c)所示。使用的液体为硅油，不仅用于液体压力传导，还用作液体透镜的填充液体。该液体透镜的有效变焦区域直径为 2mm，可实现从无穷大到 4mm 的焦距可调功能[10]。

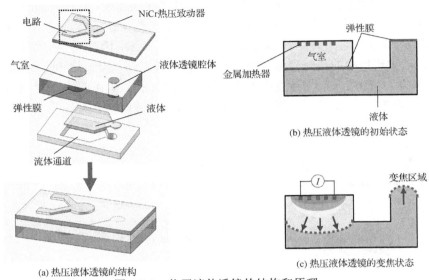

(a) 热压液体透镜的结构

(b) 热压液体透镜的初始状态

(c) 热压液体透镜的变焦状态

图 6.3.1　热压液体透镜的结构和原理

6.3.2　热压液体透镜的制作流程

图 6.3.2 为热压液体透镜的制作流程。首先，采用热蒸发法将表面附有氧化层的硅片绘制出所需图案，如图 6.3.2(a)和(b)所示；然后，采用深反应离子刻蚀(deep reactive ion etching, DRIE)法刻蚀掉部分硅片，如图 6.3.2(c)所示。NiCr 合金由于其

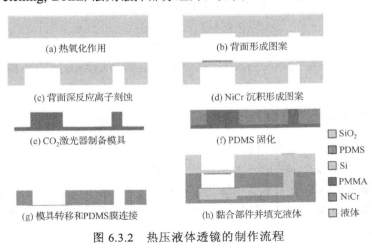

(a) 热氧化作用　　　　　　　　(b) 背面形成图案

(c) 背面深反应离子刻蚀　　　　(d) NiCr 沉积形成图案

(e) CO$_2$激光器制备模具　　　　(f) PDMS 固化

(g) 模具转移和PDMS膜连接　　　(h) 黏合部件并填充液体

□ SiO$_2$
■ PDMS
□ Si
■ PMMA
■ NiCr
□ 液体

图 6.3.2　热压液体透镜的制作流程

优异的耐热腐蚀性而被沉积在硅片上形成 NiCr 热压致动器，如图 6.3.2(d)所示。PDMS 部件包含腔体、流体通道和液体透镜腔体。这些组件是用聚甲基丙烯酸甲酯(PMMA)模具由二氧化碳(CO_2)激光器精密加工制成的，如图 6.3.2(e)和(f)所示。随后在柔性聚对苯二甲酸乙二醇酯(polyethylene glycol terephthalate, PET)薄膜上旋涂 PDMS，并制备气室和弹性膜，之后采用分层工艺对 PDMS 结构进行图案化处理。使用氧等离子体处理，将叠层和弹性膜牢固黏合，如图 6.3.2(g)所示。最后，用注射器把硅油填充到流体通道，密封流体入口，该液体透镜制作完成，如图 6.3.2(h)所示。

6.3.3 热压液体透镜的光电特性

图 6.3.3(a)为热压液体透镜的聚焦性能测试装置。实验中液体透镜的有效孔径直径为 2mm，且安装在图像传感器系统上，两个物体依次放置在不同位置。图 6.3.3(b)为在无偏条件下观察到的图像，即电流为 0mA，其聚焦于距离较远处的物体上(长焦距)。当输入电流为 4mA 时，镜头光圈增大，液体透镜聚焦在距离较近处的物体上(短焦距)，如图 6.3.3(c)所示。

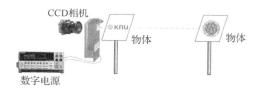

(a) 热压液体透镜的聚焦性能测试装置

(b) $I=0$mA 状态

(c) $I=4$mA 状态

图 6.3.3 热压液体透镜的成像特性

热压液体透镜的焦距和曲率半径与输入电流的关系如图 6.3.4 所示。随着输入电流的增大，焦距呈抛物线型减小，直至达到 4mm，此时曲率半径最小(约为 2mm)。当输入电流超过 12mA 时，焦距几乎保持不变，也就是说焦距的调节范围是有限的，这是由热压通过流体通道后压力损失导致的。由于热压液体透镜的焦距调节的响应时间主要取决于气室内空气的加热时间，所以可以通过优化气室的体积或调节电流密度来实现不同的响应时间。对于某些需要更快响应的应用，可以降低气室的高度，同时增大气室和弹性膜之间的面积比。此外，也可以随时间变化适当地调制输入电流来获得所需的焦距。

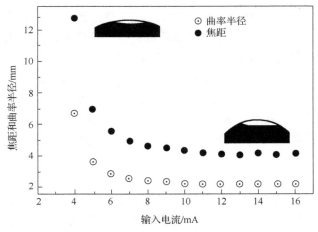

图 6.3.4　热压液体透镜的焦距和曲率半径与输入电流的关系

6.4　声压液体透镜

　　声压液体透镜通过改变透镜两侧的压差产生形变，进而改变曲率实现焦距调整。本节将介绍一种典型声压液体透镜的结构和原理及光电特性。

6.4.1　声压液体透镜的结构和原理

　　本节介绍一种声压液体透镜，其剖面图如图 6.4.1(a)所示。由于表面张力和毛细力的共同作用，两个液滴分别在充液端口处形成两个液体凸起，类似于透镜形状。在这个双液滴结构中，可以通过控制声压来改变两个液滴之间的压差，进而改变两个液滴的曲率，并实现焦距调整，因此称该液体透镜为声压液体透镜[11]。

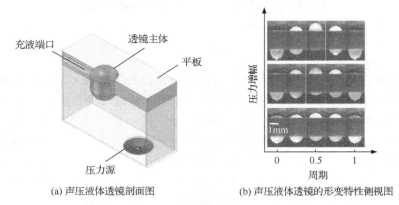

(a) 声压液体透镜剖面图　　　　　　(b) 声压液体透镜的形变特性侧视图

图 6.4.1　声压液体透镜剖面图及形变特性侧视图

一个振荡周期下，共振频率 ω 为 69Hz 时声压液体透镜的形变特性侧视图如图 6.4.1(b) 所示。在 2.5Pa、5Pa 和 10Pa 的声压作用下，声压液体透镜的顶部液滴和底部液滴的曲率半径随时间发生改变。除了振荡周期和声压值以外，声压液体透镜的焦距还取决于储存在腔体内液体的总体积。

6.4.2　声压液体透镜的光电特性

由于声压液体透镜边缘附近的图像失真，最大有效成像面积约为通光孔径面积的 1/2，这一区域的数学模型如图 6.4.2(a) 所示。其中，R_t 和 R_b 分别为顶部液滴和底部液滴的曲率半径，$2L$ 为平板的厚度，r 为通光孔径的半径，y 为顶部液滴凸起的高度。利用该模型可以计算出声压液体透镜的有效焦距。在一个振荡周期下，顶部液滴曲率半径 R_t 和底部液滴曲率半径 R_b 的关系如图 6.4.2(b) 所示。由于重力作用，顶部液滴和底部液滴的曲率半径变化是非对称的。在实际应用中，可以通过在顶部液滴和底部液滴施加不同的偏压或减小液滴体积来降低这种非对称性。

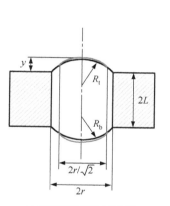

(a) 声压液体透镜的数学模型

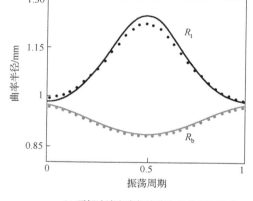

(b) 顶部液滴和底部液滴曲率半径的关系

图 6.4.2　声压液体透镜的数学模型及顶部液滴和底部液滴曲率半径的关系

在驱动振荡过程中，压力波峰和压力波谷处，声压液体透镜的形状是不同的，在每个振荡周期中分别会出现一个最小焦距值和一个最大焦距值。随着体积的增大，焦距的最大值和最小值均趋于减小，而焦距在振荡周期内随体积的增大而增大。实验结果表明，在零压力下，该液体透镜不具有透镜功能；在 5.5Pa 的压力下，该液体透镜的焦距约为 1.0mm。

6.5　弹性体液体透镜

弹性体液体透镜一般采用柔性弹性体材料如聚酯弹性体材料、丙烯基弹性体材料、乙烯基弹性体材料和氟/硅弹性体材料等制作而成，通过机械控制施加不同方向的应力使弹性体材料发生应变，从而使得透镜表面曲率发生变化，焦距可以在相当大的范围内调节，同时可对像差进行校正。本节将介绍一种典型弹性体液体透镜的制作流程和驱动机理及光学性能测试。

6.5.1　弹性体液体透镜的制作流程和驱动机理

下面介绍一种典型的弹性体液体透镜的制作流程，采用的弹性体材料为PDMS，其中最主要的工艺是注射成型，图 6.5.1 为其具体的制作流程。使用玻璃透镜制作凹形玻璃模具，如图 6.5.1（a）所示；在模具上涂抹一层聚对二甲苯介质层，以防止在成型过程中 PDMS 黏附在模具上，如图 6.5.1（b）所示。在聚对二甲苯介质层完全磨损之前，凹形玻璃模具可以在弹性体液体透镜成型过程中重复使用 5～10 次。使用聚四氟乙烯垫片制作间隔层，一方面固定两个凹形玻璃模具；另一方面对齐八个直径相同的机械金属锚，再制作一层间隔层，构成双层玻璃模具，如图 6.5.1（c）和（d）所示，这些机械金属锚通过精密仪器铣削加工而成。密封模具后，用注射器注入 PDMS，如图 6.5.1（e）所示。在 90℃的烘箱中固化 90min让模具慢慢冷却至室温，可以很容易地脱模弹性体液体透镜，如图 6.5.1（f）所示。聚合物在固化过程中由于热收缩效应体积会缩小约 1%[12]。

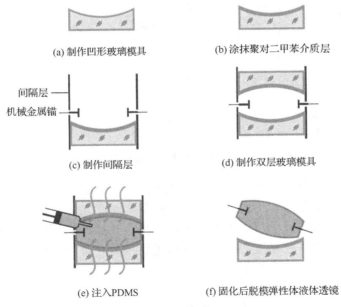

(a) 制作凹形玻璃模具　　　　　　(b) 涂抹聚对二甲苯介质层

间隔层 ——
机械金属锚 ——

(c) 制作间隔层　　　　　　(d) 制作双层玻璃模具

(e) 注入PDMS　　　　(f) 固化后脱模弹性体液体透镜

图 6.5.1　弹性体液体透镜的制作流程

图 6.5.2 为弹性体液体透镜的驱动机理及驱动部件。八个机械金属锚嵌入弹性

体液体透镜中，通过控制伺服电机在弹性体液体透镜平面方向上施加向外的拉力或向内的推力，产生应变引起弹性体变形，如图 6.5.2(a) 所示。弹性体液体透镜内体积不变，曲率半径随着拉伸应变的增大而减小，因此焦距增大。该弹性体液体透镜及其驱动部件实物如图 6.5.2(b) 所示。其中，伺服电机为弹性体液体透镜变焦提供动力，光圈用于调节弹性体液体透镜的视场和通光量。

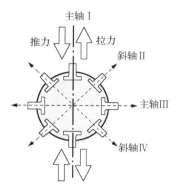

(a) 弹性体液体透镜的驱动机理

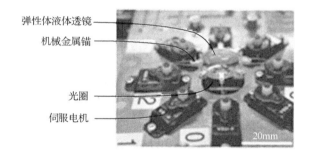

(b) 弹性体液体透镜及其驱动部件

图 6.5.2　弹性体液体透镜的驱动机理与驱动部件

这种机械控制驱动的设计类似于人的眼睛，大脑控制睫状肌通过带状纤维产生径向力并作用于晶体，从而调节人眼焦距。与人眼的驱动方式不同，这种使用八个单独的驱动可以使弹性体液体透镜沿四个独立轴不对称变形，称这种驱动方式为矢量驱动。

6.5.2　弹性体液体透镜的光电特性测试

图 6.5.3 为弹性体液体透镜的光电特性测试装置，使用此装置在波长为 633nm 下测试该弹性体液体透镜产生的波像差。来自激光器的光通过 1∶1 非偏振分束器

耦合成两束单模光纤光源，第一束为系统提供参考光；第二束为被测弹性体液体透镜提供照明光，用于校准波前传感器的参考光，可以通过快门控制。首先使用显微物镜聚焦测量光束，在被测弹性体液体透镜后产生准直光束。然后基于图像中继光学系统将被测弹性体液体透镜的出射瞳孔投射到 Shack-Hartmann 传感器上，其中图像中继光学系统是一台开普勒望远镜。最后通过从 Shack-Hartmann 传感器获取前 36 个 Zernike 多项式（径向和方位向均为六阶）来确定波像差。

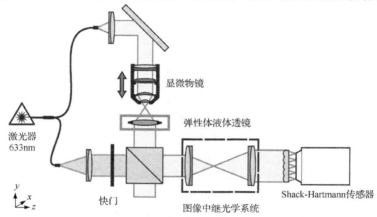

图 6.5.3　弹性体液体透镜的光学特性测试装置

在笛卡儿坐标系中沿与 x 和 y 轴对应的主轴 I 和主轴 III 驱动弹性体液体透镜，如图 6.5.4 所示。弹性体液体透镜沿 x 轴变形会导致主轴像散（AST0）的 Zernike 系数增大，如图 6.5.4(a) 所示，沿 y 轴变形会导致 AST0 的 Zernike 系数减小，

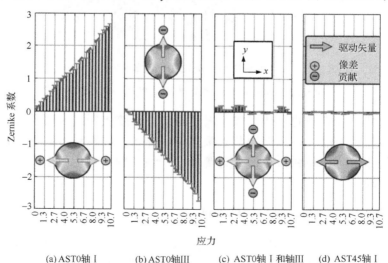

(a) AST0 轴 I　　　　(b) AST0 轴 III　　　　(c) AST0 轴 I 和轴 III　　　　(d) AST45 轴 I

图 6.5.4　弹性体液体透镜的光学特性测试

如图 6.5.4(b)所示。图 6.5.4(a) 和 (b) 显示的数据清楚地证实了 AST0 的 Zernike 系数与所施加的应力呈线性关系，其符号取决于施加应力的轴。如果同时驱动两个正交轴，则一个轴对 AST0 多项式的影响会被另一个轴抵消。因此，如果在两个正交轴上同时拉紧弹性体液体透镜，则 x-y 方向的像散变化可以忽略不计，如图 6.5.4(c)所示。一般认为 Zernike 多项式是正交的，而斜轴 Ⅱ 和斜轴 Ⅳ 相对于主轴 Ⅰ 和轴 Ⅲ 不是正交的。因此，沿着 x 轴驱动弹性体液体透镜只会调整 AST0 像差，而对于斜轴像散（AST45）几乎保持不变，如图 6.5.4(d)所示。

结果证明，弹性体液体透镜可以通过矢量驱动选择性地控制波像差，还允许在相当大的范围内调节焦距。因此，弹性体液体透镜有诸多实际应用，例如，良好的光学表面可用于自动聚焦系统；矢量驱动和像散控制可以直接应用于激光光束整形，补偿激光腔中非均匀辐射分布的热漂移；在眼科学中，动态调节弹性体液体透镜的焦距可实现自适应验光功能，并能准确测量患者视力中的散光。

6.6　水凝胶液体透镜

水凝胶液体透镜的核心部件是一个可以刺激响应的水凝胶，它可以充当液体的容器，这意味着在水凝胶感应到刺激改变形状的同时，也可以驱动水凝胶内的液体调节形状和焦距。本节将介绍一种典型水凝胶液体透镜的结构和原理、制作流程和变焦实验。

6.6.1　水凝胶液体透镜的结构和原理

图 6.6.1 为一种水凝胶液体透镜的结构与变焦原理。在该液体透镜中，使用水-油弯月形界面作为成像面，通过改变弯月形界面的曲率来调整其焦距。水凝胶环夹在玻璃板和圆孔之间，形成一个腔室。腔室内充满了水，而油填充在水的周围，并用玻璃基底密封，如图 6.6.1(a)所示。液体通道中液体的变化可由 pH、温度、光和电场等调控，外界环境的改变会使水凝胶环发生相应变化，致使水凝胶环膨

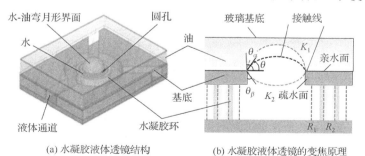

(a) 水凝胶液体透镜结构　　　　　(b) 水凝胶液体透镜的变焦原理

图 6.6.1　水凝胶液体透镜的结构及变焦原理

胀或收缩；同时，水凝胶材料也会吸收或释放水分。这两种因素共同导致了腔室的体积改变，进而引起水-油界面液压差的变化。液压差直接决定了液-液界面的曲率，也就是说接触角 θ 可以通过改变液压来调节，如图 6.6.1(b) 所示，其中 θ_α 和 θ_β 分别为该液体透镜初始状态和受激状态的接触角，K_1 和 K_2 分别为该液体透镜初始状态和受激状态的界面曲率，R_1 和 R_2 分别为水凝胶环发生形变前后的半径[13]。

6.6.2　水凝胶液体透镜的制作流程和变焦实验

下面介绍两种水凝胶材料的制作方法，这两种水凝胶分别是 N-异丙基丙烯酰胺 (N-isopropyl acrylamide, NIPAAm) 型温度敏感水凝胶和丙烯酸 (acrylic acid, AA) 型 pH 敏感水凝胶。NIPAAm 型温度敏感水凝胶由 NIPAAm、亚甲基双丙烯酰胺 (N,N'-methylene diacrylamide)、二甲基亚砜 (dimethyl sulfoxide, DMSO)、去离子水和 2,2-二甲氧基-2-苯基苯乙酮 (benzoin dimethyl ether, DMPA) 组成，质量比为 2.18∶0.124∶3.0∶1.0∶0.154。AA 型 pH 敏感水凝胶由丙烯酸、2-羟甲基丙烯酸乙酯 (Ethyl 2-(hydroxymethyl) acrylate)、乙二醇二甲基丙烯酸酯 (ethylene glycol dimethacrylate，EGDMA) 和 DMPA 组成，质量比为 4.054∶29.286∶0.334∶1.0。

对于 NIPAAm 型温度敏感水凝胶液体透镜，在低温下，水凝胶环体积膨胀，腔室体积将会减小，虽然水凝胶环因膨胀会吸收周围水分，但总体而言，腔室体积仍会减小，水-油弯月形界面向外凸起；在高温下，水凝胶环的体积收缩，腔室体积将会增大，虽然水凝胶环因收缩会向周围释放水分，但总体仍会导致腔室体积增大，水-油弯月形界面会向内凹。经测量，该液体透镜在 23.8～33.8℃发散，在 33.8～47.8℃会聚。图 6.6.2(a) 为该液体透镜在 23℃、30℃、37℃和 47℃时的液体界面面型。

对于 AA 型 pH 敏感水凝胶液体透镜，水凝胶在碱性溶液中膨胀，在酸性溶液中收缩，pH 为 5.5 时为转折点，如图 6.6.2(b) 所示。水凝胶环的体积通过流经液体通道的各种 pH 缓冲液来调节。随着缓冲液 pH 的增大，水凝胶环逐渐膨胀，腔室体积减小，水-油弯月形界面向外凸起，该液体透镜的焦距减小；反之亦然。

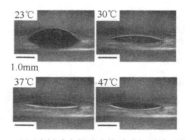

(a) NIPAAm型温度敏感水凝胶液体透镜焦距随温度变化特性

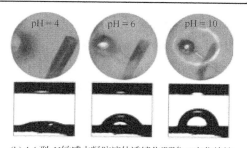

(b) AA 型 pH 敏感水凝胶液体透镜焦距随 pH 变化特性

图 6.6.2　两种水凝胶液体透镜的变焦特性

目前，水凝胶液体透镜的响应比较慢，即便如此，该液体透镜也有许多优点。第一，水凝胶液体透镜结构相对简单且适应性强，可在制备过程中对光强、水凝胶的交联密度和孔隙等参数进行调整，因此可将水凝胶液体透镜拓展为液体透镜阵列，并应用于物理、生物或化学传感器中。第二，水凝胶液体透镜不需要复杂的外部控制系统，能够自适应不同的液体样品，并提供可视化输出信号。最重要的是，水凝胶液体透镜可以容易地与现有电子和光电系统集成，可广泛应用于微流控芯片和柔性可穿戴芯片中。

6.7　压电效应液体透镜

压电效应是电介质材料中一种机械能与电能相互转化的物理现象。1880 年，皮埃尔·居里和雅克·居里兄弟发现电气石具有压电效应。1881 年，他们通过实验验证了逆压电效应，并得出了正逆压电常数。1910 年，德国物理学家 Voigt 发表著作 *Lehrbuch der Kristallphysik*，这是一部关于晶体物理学的经典教材[14]。该书描述了 20 种能够产生压电效应的自然晶体，并且用势能分析来严格定义压电常数。当某些电介质在沿一定方向上受到外力的作用发生形变时，其内部会产生极化现象，同时在它的两个相对表面上出现正负相反的电荷。当去掉外力时，又会恢复到不带电的状态，这种现象称为正压电效应。正压电效应实质上是机械能转化为电能的过程。当作用力的方向改变时，电荷的极性也随之改变。相反，当在电介质的极化方向上施加电场时，这些电介质也会发生形变，去掉电场后，电介质的形变随之消失，这种现象称为逆压电效应。逆压电效应实质上是电能转化为机械能的过程。

基于压电效应的液体透镜具有响应快速、机械稳定性高等优点，本节将介绍该类液体透镜的结构和原理、制作流程及光电特性。

6.7.1　压电效应液体透镜的结构和原理

压电效应液体透镜的结构如图 6.7.1(a) 所示，刚性环和弹性底板组成圆柱形容器，容器中储存一定势能的液体，利用压电效应对刚性环施加适当的共振驱动，液体界面的形状就会被改变[15]。

压电效应液体透镜的工作原理可以用液体在激励容器中以适当的谐振频率晃动的现象来解释，如图 6.7.1(b)所示。考虑液体界面为无黏性和不可压缩的自由表面，表面形变势 ϕ 应满足 Laplace 定律：

$$\nabla^2 \phi(r, \varphi, z) = 0 \tag{6.7.1}$$

式中，r 为柱坐标系中原点 O 到某点 N 在平面 XOY 上的投影的距离；φ 为自 x 轴逆时针方向转到 ON 所经过的角度；z 为圆柱高度。

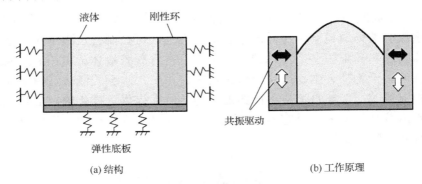

(a) 结构

(b) 工作原理

图 6.7.1 压电效应液体透镜的结构和原理

设 ω 是振动的固有频率，则表面变形速度可表示为

$$\tilde{\phi}(r, \varphi, z, t) = -\mathrm{j}\omega\phi \mathrm{e}^{\mathrm{j}\omega t} \tag{6.7.2}$$

式中，t 为时间；j 为虚数单位。

利用叠加原理可以进一步描述液面的形变势为

$$\phi = \phi_\mathrm{r} + \phi_\mathrm{b} + \phi_\mathrm{s} \tag{6.7.3}$$

式中，ϕ_r 为将刚性环视为弹性，而将弹性底板视为刚性条件下的液体的形变势；ϕ_b 为将弹性底板视为弹性，而将刚性环视为刚性条件下的液体的形变势；ϕ_s 为将弹性底板和刚性环都视为刚性条件下的液体的形变势。

通过数值求解本征值可确定模态的固有频率，可计算自由表面的位移。根据由弹性底板与刚性环组成的圆柱形容器中液体在共振模式下的轴对称晃动运动的数值计算结果，可以将自由表面的轮廓与贝塞尔函数曲线联系起来。自由液体界面的轮廓与贝塞尔函数的主瓣几乎相同，即凸透镜形状。

6.7.2 压电效应液体透镜的制作流程

下面简述压电效应液体透镜的制作流程。圆柱形容器由一个压电陶瓷(piezoelectric ceramics, PZT)环传感器和一张 PDMS 膜组成，PZT 环传感器作为刚性环，PDMS 膜作为弹性底板，离子水作为透镜材料。PZT 环传感器沿刚性环的轴线极化，刚性环的平面两侧均涂有银，将导线焊接到 PZT 环传感器的两个电极上。再将 PDMS 膜采用旋涂法加工成小块，并粘在 PZT 环传感器上，完全覆盖 PZT 环传感器的中心孔，形成通光孔。压电效应液体透镜的模型及实物如图 6.7.2 所示。

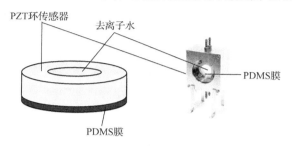

图 6.7.2　压电效应液体透镜的模型及实物

6.7.3　压电效应液体透镜的光电特性

为了实现压电效应液体透镜的变焦功能，使用线性放大器驱动 PZT 环感器。正弦输入的振幅最初设置为 20V，工作频率为 0～1MHz。为了保证液体界面形态稳定，基于理论和大量实验最终确定以 460kHz 的频率驱动该液体透镜。当电压从 12V 调整至 60V 时，液体界面曲率的图像如图 6.7.3 所示。图中显示当电压逐渐升高时，液体界面的曲率随之增大，焦距也逐渐变短。

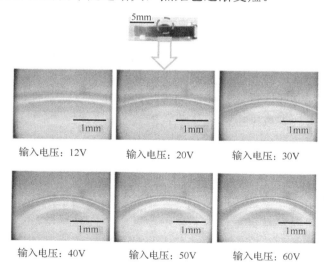

图 6.7.3　不同电压下压电效应液体透镜的液体界面曲率

为了表征压电效应液体透镜的成像性能，在该液体透镜前表面放置一块直径为 35mm 的孔径板，孔径板是基于 SU-8 材料和光刻工艺制成的，并涂成黑色以完全阻挡杂散光。在该液体透镜前安装了一个标有"CCU"的平面靶，并调整该液体透镜到平面靶的距离。通过将电压振幅调节到特定的谐振频率(460kHz)，可以很容易地实现动态变焦。图 6.7.4 为不同驱动电压下压电效应液体透镜的成像效果。可见，随着驱动电压的增大，该液体透镜的焦距减小，焦距调节范围为 5.72～46.03mm。

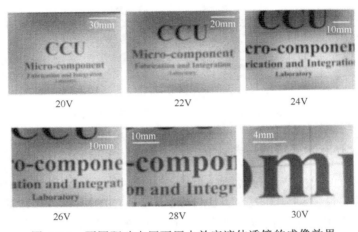

图 6.7.4　不同驱动电压下压电效应液体透镜的成像效果

6.8　电磁液体透镜

电生磁是一种常见的物理现象，导线中通过的电流越大，产生的磁场就越强，进而可以同周围的铁、镍和钆等金属发生相互作用。有研究人员基于该原理研制了电磁液体透镜，究其本质还是通过构建巧妙的外部驱动部件，改变液体界面的曲率。本节将介绍一种典型电磁液体透镜的结构和原理、制作流程及光电特性。

6.8.1　电磁液体透镜的结构和原理

图 6.8.1 为电磁液体透镜的结构和原理，它由驱动腔和透镜腔体组成。透镜腔体的电极与电源相连，驱动腔同透镜腔体连通，也充满了液体。在液体上表面覆盖一层弹性膜，弹性膜上覆盖一片磁铁，驱动腔下面是线圈缠绕的电磁铁，初始状态如图 6.8.1(a)所示。电磁驱动是基于法拉第电磁感应定律实现的，当电流在电磁系统内部的线圈中流动时，在电磁铁周围产生磁场，进而吸引磁铁，使位于驱动腔中的液体被泵入透镜腔体，透镜腔体中的液柱将升高，实现透镜焦距调节，如图 6.8.1(b)所示[16]。

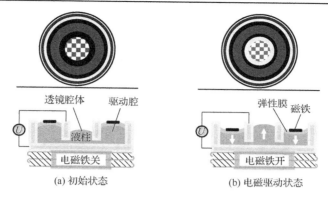

(a) 初始状态　　　　　　　　　　(b) 电磁驱动状态

图 6.8.1　电磁液体透镜的结构和原理

6.8.2　电磁液体透镜的制作流程

电磁液体透镜由透镜腔体、丙烯酸支撑架、环形钕磁铁、PDMS 弹性膜、驱动腔和圆形 ITO 平板制作而成，如图 6.8.2 所示。丙烯酸支撑架采用激光切割机制作而成。对于 PDMS 弹性膜，首先将化学混合物硅橡胶基和固化剂(10∶1)在热真空室中脱气大约 30min，直到没有气泡出现；然后将脱气后混合物倒入制备好的模具中，并在 60℃的热真空室中固化 4h；最后将其从模具中分离出来，获得杨氏模量约为 2.63MPa 的 PDMS 弹性膜。在透镜腔体内壁分别涂覆聚对二甲苯和聚四氟乙烯(polytetrafluoroethylene, PTFE)材料作为介电层和疏水层，其中疏水层用来增大初始接触角，扩大变焦范围，减小接触角滞后。将带有丙烯酸支撑架的透镜腔体与圆形 ITO 平板用环氧树脂黏合，使用微型吸管将去离子水注入驱动腔中。

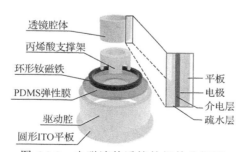

图 6.8.2　电磁液体透镜的组件分解图

6.8.3　电磁液体透镜的光电特性

当电磁液体透镜在初始状态时，透镜腔体中的液柱处于腔室底部，如图 6.8.3(a)所示。当 50V 电压施加到电磁系统上时，驱动腔中的环形钕磁铁会受到磁场吸引,并向下挤压 PDMS 弹性膜。因此,位于驱动腔中的液体通过丙烯酸支撑架的开孔被泵入透镜腔体中,从而调节透镜腔体中液柱的高度。随着液柱逐渐上升,图形的放大率改变。当施加电压从 0V 增大到 50V 时,液柱的高度从 0mm 线性地增高到 1.2mm,每伏特的平均高度变化约为 24μm。此外,可通过比较图像的大小来计算图像的放大率,在电压增大的过程中,初始图像放大约 1.5 倍,如图 6.8.3(b)所示。

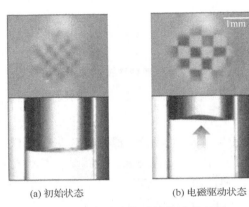

(a) 初始状态　　　　　　　　　　(b) 电磁驱动状态

图 6.8.3　电磁液体透镜的成像效果

为了研究电磁液体透镜的光电特性,使用高速照相机测量该液体透镜的响应时间。响应时间定义为在电磁系统上施加电压后,透镜腔体中的液柱从初始状态达到最大高度的持续时间。当向电磁系统施加 10V 电压时,液柱上升的最大高度为 0.2mm,在持续施加电压 400ms 后,液柱的上升高度基本稳定。若进一步升高电压至 30V 和 50V,液柱上升的最大高度分别为 0.75mm 和 1.2mm,如图 6.8.4 所示。由此可知,液柱的上升高度和电磁液体透镜的驱动时间与施加电压成正比。

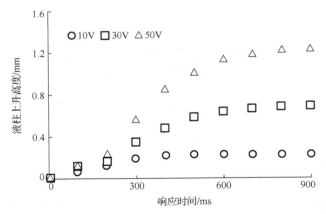

图 6.8.4　不同电压下电磁液体透镜液柱的上升高度及响应时间

参 考 文 献

[1]　Clement C E, Thio S K, Park S Y. An optofluidic tunable Fresnel lens for spatial focal control based on electrowetting-on-dielectric（EWOD）[J]. Sensors and Actuators B: Chemical, 2017, 240: 909-915.

[2]　Wang L H, Oku H, Ishikawa M. Variable-focus lens with 30mm optical aperture based on liquid-membrane-liquid structure[J]. Applied Physics Letters, 2013, 102（13）: 131111.

[3]　Verheijen H J J, Prins M W J. Reversible electrowetting and trapping of charge: Model and experiments[J]. Langmuir, 1999, 15（20）: 6616-6620.

[4]　Vallet M, Vallade M, Berge B. Limiting phenomena for the spreading of water on polymer films by electrowetting[J]. Physics of Condensed Matter, 1999, 11（4）: 583-591.

[5]　Peykov V, Quinn A, Ralston J. Electrowetting: A model for contact-angle saturation[J]. Colloid and Polymer Science, 2000, 278（8）: 789-793.

[6]　Chang J, Pak J J. Twin-plate electrowetting for efficient digital microfluidics[J]. Sensors and Actuators B: Chemical, 2011, 160（1）: 1581-1585.

[7]　Ren H W, Wu S T. Variable-focus liquid lens[J]. Optics Express, 2007, 15（10）: 5931-5936.

[8]　Agarwal M, Gunasekaran R A, Coane P, et al. Polymer-based variable focal length microlens system[J]. Journal of Micromechanics and Microengineering, 2004, 14（12）: 1665-1673.

[9]　Jeong K H, Liu G L, Chronis N, et al. Tunable microdoublet lens array[J]. Optics Express, 2004, 12（11）: 2494-2500.

[10]　Lee J K, Park K W, Lim G B, et al. Variable-focus liquid lens based on a laterally-integrated thermopneumatic actuator[J]. Journal of the Optical Society of Korea, 2012, 16（1）: 22-28.

[11]　Olles J D, Vogel M J, Malouin B A, et al. Optical performance of an oscillating, pinned-contact double droplet liquid lens[J]. Optics Express, 2011, 19（20）: 19399-19406.

[12]　Liebetraut P, Petsch S, Liebeskind J, et al. Elastomeric lenses with tunable astigmatism[J]. Light Science & Applications, 2013, 2（9）: e98.

[13]　Dong L, Agarwal A K, Beebe D J, et al. Adaptive liquid microlenses activated by stimuli-responsive hydrogels[J]. Nature, 2006, 442（7102）: 551-554.

[14]　Voigt W. Lehrbuch der Kristallphysik[M]. Leipzig: Vieweg+Teubner Verlag, 1910.

[15]　Feng G H, Liu J H. Simple-structured capillary-force-dominated tunable-focus liquid lens based on the higher-order-harmonic resonance of a piezoelectric ring transducer[J]. Applied Optics, 2013, 52（4）: 829-837.

[16]　Park I S, Park Y, Oh S H, et al. Multifunctional liquid lens for variable focus and zoom[J]. Sensors and Actuators A: Physical, 2018, 273: 317-323.

第 7 章 液体光开关

光开关是一种具有一个或者多个传输端口的光学器件，其功能是对传输的光信号进行转换或逻辑通断。作为光学领域的基础器件，光开关在诸多行业中都有重要的应用。目前，市场中普遍使用的是固体光开关，其存在如下问题：需要依赖相对庞大的驱动体系、封装成本高、集成难度大、系统功耗较高。为了解决这些问题，液体光开关应运而生。液体光开关是指实现光开关功能的部分主要是由液体材料组成的光开关。与固体材料相比，液体具有流动性，没有固定的形状，易产生形变，这使得液体光开关具有自适应特性，并具有无机械移动、体积小、成本低和响应快等优点，而这些优点正好可以弥补固体光开关的缺点。在微型化、智能化和集成化的系统中，液体光开关提供了新的技术手段。

根据所控制的光通道数量，光开关可以分为单通道光开关和多通道光开关。单通道光开关控制单个光通道光信号的通断或衰减，如光阑和光衰减器等。多通道光开关则控制光信号在两个及两个以上光通道中的切换或衰减，如通信系统中的光路由器和全光网络中的光开关矩阵等。本章将主要介绍几类液体光开关的结构和原理、制作流程及性能。

7.1 单通道电润湿液体光开关

电润湿液体光开关由两种互不相溶的液体组成，其中一种液体为导电液体，另一种液体为非导电液体，其工作原理是通过电润湿驱动来移动液体的位置或改变液体的形状，从而实现光开关的功能。单通道电润湿液体光开关仅需要控制单个光通道光信号的通断或衰减。本节主要对单通道电润湿液体光开关的结构和原理、制作流程及性能进行阐述。

7.1.1 单通道电润湿液体光开关的结构和原理

经典的单通道电润湿液体光开关是基于透明液体和染色液体之间的切换，染色液体可以吸收光，透明液体可以透射光，通过施加电压将一种液体替换为另一种液体来控制光通道中的光学透射率，从而实现光开关中光信号的衰减和通断，这对实现光的调节作用具有很好的效果。

图 7.1.1 为一种基于染色液体的单通道电润湿液体光开关的结构和原理[1]。由两片平行的玻璃平板和侧壁组成液体光开关的腔体，腔体内部填充导电的染色液

体和不导电的光学油，其中，侧壁和下平板有电极结构，且侧壁和下平板中央区域有疏水层。当染色液体注入到腔体中时，由于疏水层和其他部分的张力不同，在底部中央区域部分会形成开孔。在初始状态下，染色液体中央区域的开孔部分形成了光孔，如图 7.1.1(a) 所示。当施加电压时，由于电润湿效应，染色液体与侧壁的接触角会发生变化，这时液体向侧壁涌动，进而拉动中心的液体向外移动，形成了孔径的扩张，如图 7.1.1(b) 所示。因此，通过控制电压可以调节光孔的大小，接触角与电压的关系满足 Young-Lippmann 公式：

$$\cos\theta = \frac{\gamma_o - \gamma_w}{\gamma_{ow}} + \frac{\varepsilon}{2\gamma_{ow}d}U^2 \tag{7.1.1}$$

式中，U 为外加电压；ε 为介电层的介电常数；d 为介电层的厚度；γ_o、γ_w 和 γ_{ow} 分别为侧壁-光学油、侧壁-染色液体和光学油-染色液体的表面张力；θ 为平衡态的接触角。

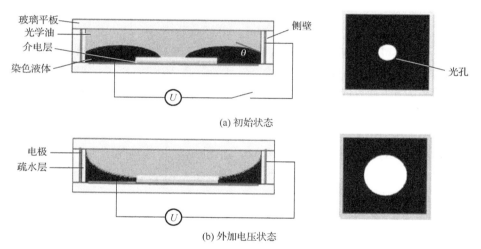

(a) 初始状态

(b) 外加电压状态

图 7.1.1　基于染色液体的单通道电润湿液体光开关的结构和原理

为了获得更大的衰减度，可以采用如图 7.1.2 所示的单通道电润湿液体光开关的结构[2]。其腔体主要由上下两个平板组成，平板上分别设置电极、疏水层和介电层，腔体内填充透明的导电液体和不导电的染色油，如图 7.1.2(a) 所示。当光通道中为透明的导电液体时，入射光能通过，光开关处于开状态，如图 7.1.2(b) 所示；当光通道中为染色油时，入射光被染色油吸收不能通过，光开关处于关状态，如图 7.1.2(c) 所示。染色油和导电液体之间可以通过电润湿效应切换，因此可以通过施加电压来控制光开关的状态。

单通道电润湿液体光开关另一个经典的实现方式是基于全内反射原理，通过改变液-液界面曲率使光束在全反射和透射状态切换来实现光开关的切换，原理上

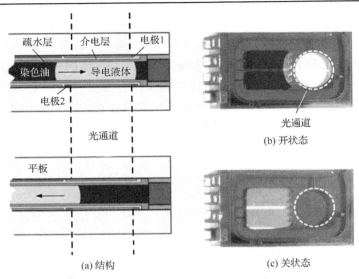

图 7.1.2　高衰减度的单通道电润湿液体光开关的结构和原理

该机理的光开关可以达到 100%光衰减能力。图 7.1.3 为一种基于此原理的液体光开关的结构和原理[3]，由玻璃平板和侧壁组成的封闭腔体作为该液体光开关的主体，其中侧壁和下平板有电极，侧壁电极镀有疏水介电层，下平板上面黏合一个透明圆柱体，下平板的上表面作为液-液转换为固-液的切换面。导电液体将透明圆柱体覆盖，其周围充满一种与之互不相溶的非导电液体。透明圆柱体、导电液体和非导电液体的折射率分别表示为 n_c、n_1 和 n_2，并且满足 $n_c>n_1$ 和 $n_2>n_1$。

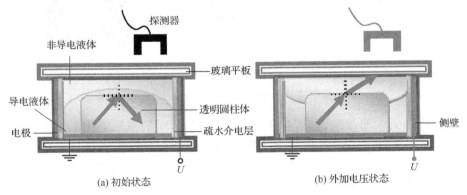

图 7.1.3　基于全内反射的单通道电润湿液体光开关的结构和原理

在初始状态时，调整入射光照射在透明圆柱体和导电液体界面的角度，使其恰好满足全内反射条件。此时，入射光被透明圆柱体反射，无法从液体光开关顶部出射，在液体光开关顶部的光探测器无法探测到光强，液体光开关处于关状态，如图 7.1.3(a)所示。保持入射光照射固-液界面的角度，外加电压 U 于侧壁 ITO 电极上，由于电润湿效应向侧壁涌动，导电液体与非导电液体界面的曲率发生变化。此时，与透明圆柱体接触的界面由导电液体切换到非导电液体，全内反射条件被破坏，入射光可以被非导电液体折射，透过液体光开关，探测器可以接收到光强，液体光开关处于开状态，如图 7.1.3(b)所示。因此，通过外加电压该液体光开关可以实现光开关的功能。

7.1.2　单通道电润湿液体光开关的制作流程

单通道电润湿液体光开关的材料包括腔体材料和液体材料两部分。腔体材料只对光通道区域的材料有要求，一般使用高透明材料。液体材料的选择对液体光开关至关重要，一方面，要符合液体光开关驱动原理的需求，即用于电润湿液体光开关的液体要满足一种为导电液体，另一种为非导电液体，且两种液体不混溶；另一方面，若需要染色液体，则液体材料还要满足可染色性。

腔体的制作是单通道电润湿液体光开关制作的关键。以图 7.1.2 所示高衰减度的单通道电润湿液体光开关为例，该类液体光开关的腔体制作流程和方法如图 7.1.4 所示。首先用 ITO 导电玻璃作为液体光开关的平板，在酸性液体中湿法刻蚀 ITO 膜获得透明电极，再先后通过溅射钨钛黏附层、沉积铂、剥离获得铂电极，如图 7.1.4(a)所示；然后分别通过气相沉积和旋涂获得介电层派瑞林和疏水层氟树脂(Cytop)，如图 7.1.4(b)和(c)所示；接着通过光刻工艺制作 Ordyl 层进行机械对准，并将上平板、硅垫片、下平板对准键合，如图 7.1.4(d)和(e)所示；最后将腔体切割下来，形成一个完整的液体光开关的腔体，如图 7.1.4(f)所示。每一层的具体结构如图 7.1.5 所示。

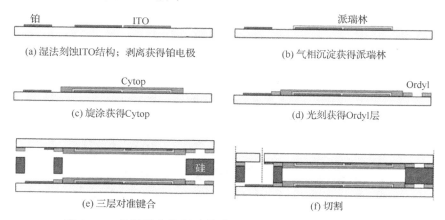

图 7.1.4　单通道电润湿液体光开关的腔体制作流程和方法

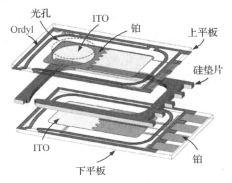

图 7.1.5　腔体的结构分层

7.1.3　单通道电润湿液体光开关的性能

下面以图 7.1.3 所示的基于全内反射的单通道电润湿液体光开关为例，介绍单通道电润湿液体光开关的性能。该液体光开关的实现过程及结果如图 7.1.6 所示。其中，为了展示液体的运动细节，在展示液体光开关的实现过程时，导电液体中加入一定量的 Fe^{3+}，使溶液呈黄褐色，如图 7.1.6(a) 所示；在展示液体光开关结果时，导电液体被染色为黑色，如图 7.1.6(b) 所示。当外加电压 U=0V 时，透明圆柱体被导电液体覆盖，入射光线以大于全反射临界角的方向入射透明圆柱体，在透明圆柱体与导电液体之间的界面处发生全反射，光束无法出射。此时，该液体光开关为关状态。外加电压后，由于电润湿效应，导电液体会向侧壁涌动，透明圆柱体与导电液体间界面曲率也随之变化，透明圆柱体从导电液体中露出，透明圆柱体与导电液体接触转化为与非导电液体接触，即界面发生了切换。全反射条件被破坏，光束就会被液体折射，探测器可以检测到光强，此时，液体光开关为开状态。

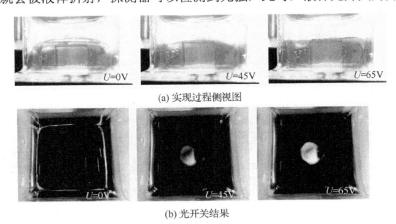

图 7.1.6　单通道电润湿液体光开关的实现过程及结果

电润湿液体光开关的衰减度由外加电压控制。选用一束激光(λ=632.8nm)照射该液体光开关来检测其在强光下的光开关能力，激光光束被扩束后功率为0.2mW，光束衰减变化和归一化光强随外加电压变化的规律如图 7.1.7(a)所示，当外加电压 $U<30V$ 时，无法驱动该液体光开关，处在全黑状态，即实现了光束的全关功能，达到最大衰减度；当 $U>30V$ 时，该液体光开关可以被驱动，故其阈值驱动电压为 30V；当 $30V<U<65V$ 时，导电液体可以向侧壁涌动，随外加电压增大，光斑亮度随之增强，光衰减度降低；当 $U>65V$ 时，再增大电压导电液体也不会继续涌动，因为此时导电液体接触角已经达到饱和。由于导电液体自身的重力作用，在撤去外加电压后，导电液体会自动恢复到初始状态。

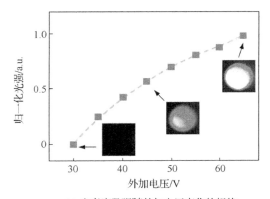

(a) 光亮度及强随外加电压变化的规律

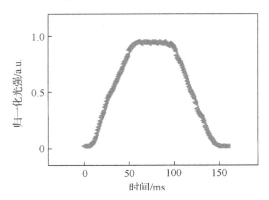

图 7.1.7　单通道电润湿液体光开关的光强随外加电压及时间变化的规律

响应时间是液体光开关的重要参数，与液体黏度、器件尺寸和驱动方式有关。液体黏度越高，光开关响应时间越长，一般采用黏度较低的液体，但低黏度会影响光开关的稳定性，所以在选择液体时，要结合实际应用，综合权衡器件稳定性和响应时间。光开关的尺寸越大，响应时间越长。电润湿液体光开关的光孔最大可以到几毫米，响应时间一般为几十毫秒到几秒，并在一定的电压范围内随电压的增大而减小。

图 7.1.3 所示的液体光开关中透明圆柱体直径和高度均为 6mm，光孔的中心孔径为 2mm，材质为聚甲基丙烯酸甲酯(PMMA)，折射率为 1.49；导电液体为 NaCl 的水溶液，密度为 1.21g/cm^3，折射率约为 1.34，在室温下表面张力约为 53mN/m；非导电液体为二甲基硅油，密度为 0.98g/cm^3，折射率约为 1.42，在室温下表面张力为 20mN/m。在 65V 的驱动电压下，其归一化光强随时间变化如图 7.1.7(b) 所示，上升时间和下降时间分别为 49ms 和 53ms。

7.2　多通道电润湿液体光开关

将单通道电润湿液体光开关扩展很容易得到多通道电润湿液体光开关，在光通信中有更多的应用。本节主要对多通道电润湿液体光开关的结构和原理、制作流程及性能进行阐述。

7.2.1　多通道电润湿液体光开关的结构和原理

图 7.2.1 为一种简单的多通道电润湿液体光开关的结构和原理[4, 5]，其腔体底部嵌入三段电极，其中两侧的电极上有一层介电疏水层以增大该液体光开关的稳定性和初始接触角。在初始状态时，染色的导电液滴放置在该液体光开关底板中央，其外部填充互不相溶的透明非导电液体，如图 7.2.1(a) 所示。当对左侧电极外加电压 U_1 时，导电液滴向该液体光开关左侧移动，此时染色的导电液滴将该侧

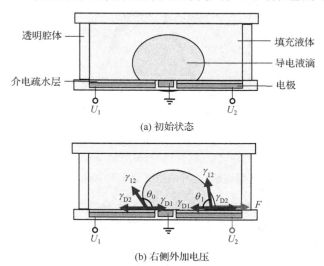

(a) 初始状态

(b) 右侧外加电压

图 7.2.1　多通道电润湿液体光开关的结构和原理

的光束吸收，而右侧光束会通过；同理，当对右侧电极外加电压 U_2 时，导电液滴向该液体光开关右侧移动，此时染色的导电液滴将该侧的光束吸收，而左侧光束会通过，如图 7.2.1(b) 所示。因此，该液体光开关可实现双路光束的开关功能。

当导电液滴、填充液体和介质层三者表面张力平衡时，接触角满足

$$\cos\theta_1 = \cos\theta_0 + \frac{U^2\varepsilon}{2d\gamma_{12}} \tag{7.2.1}$$

式中，γ_{12} 为导电液滴和填充液体之间的表面张力；θ_0 为初始状态时导电液滴的接触角；θ_1 为外加电压 U 时导电液滴的接触角；d 为介质层的厚度；ε 为介电层的介电常数。

当外加电压后导电液滴趋于平衡时，导电液滴满足

$$\gamma_{D2} + \gamma_{12}\cos\theta_0 + \gamma_{D1} + \gamma_{12}\cos\theta_1 = \gamma_{D1} + \gamma_{D2} + F \tag{7.2.2}$$

式中，F 为单位长度上的电场力；γ_{D1} 和 γ_{D2} 分别为介质层与导电液滴之间的表面张力和介质层与填充液体之间的表面张力。

将式 (7.2.2) 进一步化简为

$$\gamma_{12}(\cos\theta_0 + \cos\theta_1) = F \tag{7.2.3}$$

7.2.2　多通道电润湿液体光开关的制作流程

图 7.2.1 所示的多通道电润湿液体光开关的制作流程如图 7.2.2 所示。腔体整体用 PMMA 材料制成，下平板上有三个凹槽以便放置三段电极。首先将 SU-8 作为介质层镀到两侧的电极上，在上面镀一层特氟龙作为疏水层，如图 7.2.2(a) 和 (b) 所示。然后将金属导线焊接在电极上，在平板上用两片透明薄片制作成一个液体通道供导电液滴运动，并将腔体和平板胶合，如图 7.2.2(c) 和 (d) 所示。最后将导电液滴放置在平板中央，其周围充满填充液体，用上平板将该液体光开关封装起来，如图 7.2.2(e) 所示。

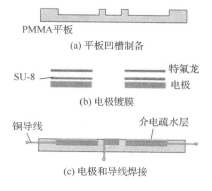

PMMA平板

(a) 平板凹槽制备

SU-8　　　　特氟龙　电极

(b) 电极镀膜

铜导线　　　　介电疏水层

(c) 电极和导线焊接

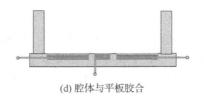

(d) 腔体与平板胶合

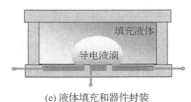

填充液体

导电液滴

(e) 液体填充和器件封装

图 7.2.2　多通道电润湿液体光开关的制作流程

7.2.3　多通道电润湿液体光开关的性能

多通道电润湿液体光开关的实现过程及结果如图 7.2.3 所示，黑色导电液滴放置在平板中央的运动通道中，其周围为二甲基硅油。将一个黑色的掩模覆盖在该液体光开关下方，掩模上有两个孔径为 1mm 的方孔。用 632.8nm 波长的激光照射该液体光开关，用两个光探测器去检测光衰减度。当外加电压于两侧电极时，

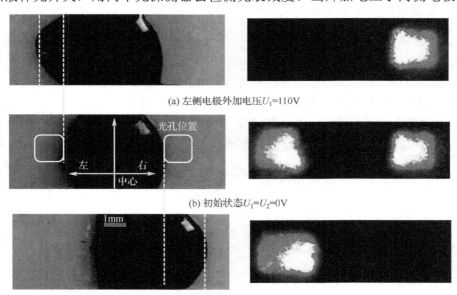

(a) 左侧电极外加电压 U_1=110V

(b) 初始状态 $U_1=U_2$=0V

(c) 右侧电极外加电压 U_2=110V

图 7.2.3　多通道电润湿液体光开关的实现过程及结果

导电液滴在通道中往复运动。初始状态如图 7.2.3(b)所示；分别在该液体光开关两侧电极加电压，导电液滴会往复运动将光孔交替性遮挡以实现多路光开关的功能，如图 7.2.3(a)和(c)所示。

为了达到最大的衰减度，染色液滴必须能够移动足够长的距离以完全覆盖光孔，该液体光开关的光衰减度随外加电压变化的规律如图 7.2.4(a)所示。当外加电压 $U<30V$ 时，导电液滴几乎不运动，因为该液体光开关导电液滴的阈值电压为30V；当外加电压 $30V \leqslant U<45V$ 时，导电液滴开始移动，但是运动幅度较小，无法将光束完全遮挡；当 $45V \leqslant U<110V$ 时，导电液滴可以自由地在平板的通道内往复运动；当 $U \geqslant 110V$ 时，导电液滴达到了饱和接触角，所以再升高电压，导电液滴也不会向更远的距离运动。

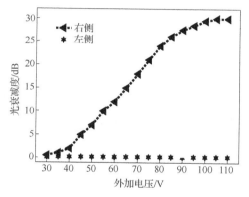

(a) 光衰减度随外加电压变化的规律

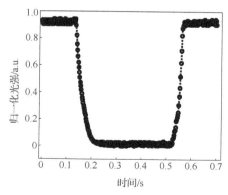

(b) 光强随时间变化的规律

图 7.2.4　多通道电润湿液体光开关的光衰减度随外加电压及光强随时间变化的规律

入射光首先经过扩束，初始光强为 0.14mW，当其穿透整个液体光开关时，光强为 0.12mW，因此该液体光开关的透过率损失约为 0.67dB。该液体光开关为对称结构，这里以右侧光孔为例，测得的开状态和关状态的光强分别为 98.2μW 和 0.1μW。所以光强衰减度为 30dB，对比度为 982∶1。

导电液滴为墨水和 NaCl 溶液的混合，密度为 1.21g/cm³，表面张力为 53mN/m，导电液滴直径约为 4.3mm；填充液体为二甲基硅油，密度为 0.96g/cm³，表面张力为 19mN/m；腔体整体尺寸为 10mm×5mm×5mm。该液体光开关的动态响应如图 7.2.4(b) 所示，上升时间和下降时间分别为 80ms 和 97ms。

若将该结构的液体光开关与微型阵列电极结合，并将尺寸缩小至微米量级，可以形成电润湿液体光开关阵列，在显示领域中有一定的应用。其显示原理如图 7.2.5 所示，在初始状态时，将染色液体储存在像素间的通道中，当在要"点亮"的像素电极外加电压时，储存在通道间的黑色液体会将该子像素遮盖，此时可以观察到该"亮点"。因此，当通过数字电路控制电极阵列时，该电润湿液体光开关阵列就可以显示想要呈现的内容。

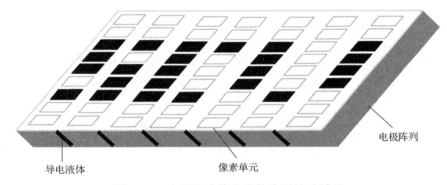

图 7.2.5　电润湿液体光开关阵列显示原理

7.3　介电泳液体光开关

介电泳液体光开关与电润湿液体光开关很相似，由两种互不相溶的液体组成，其中一种液体用来填充在被驱动的液体周围。但两者也有本质的区别：对于液体的选材，介电泳液体光开关要求两种液体都不导电，且介电常数不同。介电泳液体光开关尺寸一般较小，其制作主要是平板的制作，这与介电泳液体透镜类似，这里不再赘述。本节主要对介电泳液体光开关的结构和原理及性能进行阐述。

7.3.1　介电泳液体光开关的结构和原理

比较经典的基于染色液体的介电泳液体光开关的结构和原理如图 7.3.1 所示[6]。两个平板电极构成一个封闭的腔体，腔体中填充两种介电常数不同的透明液体和染色液体。初始状态时，透明液体在下平板上形成液滴状，染色液体充满周围空间，入射光被染色液体吸收，光开关处于关状态，如图 7.3.1(a) 所示。此时，界面张力满足

$$\gamma_{D,B} \cos\theta = \gamma_{D,S} - \gamma_{B,S} \tag{7.3.1}$$

式中，$\gamma_{D,B}$、$\gamma_{D,S}$、$\gamma_{B,S}$ 分别表示透明液滴与染色液体、透明液滴与底部固体、染色液体与底部固体的表面张力；θ 为透明液滴的接触角。

施加外加电压到电极后，透明液滴表面受到介电泳力而向上拉伸，透明液滴接触到上平板，就会在垂直方向拉长。因此，接触角增大，此时界面张力满足

$$\gamma_{D,B} \cos\theta' + F_{DEP} = \gamma_{D,S} - \gamma_{B,S} \tag{7.3.2}$$

式中，θ' 为增大后的接触角；F_{DEP} 为介电泳力，方向为沿着透明液滴的水平方向。

因为腔体中两种液体的体积未改变，所以当透明液滴顶部接触上平板时，将染色液体推开，入射光穿过透明液滴射出，该液体光开关处于开状态，如图 7.3.1(b) 所示。去除外加电压后，介电泳力消失，上平板表面将不足以维持透明液滴现状而恢复到原状。

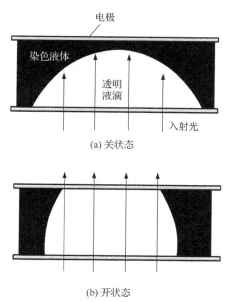

(a) 关状态

(b) 开状态

图 7.3.1　基于染色液体的介电泳液体光开关的结构和原理

光在不同折射率介质中的传播速度不同，当光从一种介质射向另一种介质时，在两种介质的交界面处会产生折射或反射。介电泳液体光开关的另一种常见的实现机理是利用两种折射率不同的液体对入射光进行调制，如图 7.3.2 所示[7]。该液

体光开关主要由两种折射率不同的液体、上下平板和条纹状电极组成，其中液体 1
被液体 2 包裹，在不加外电场时，液体 1 以最小的体积比收缩平衡于下平板上，
入射光仅通过液体 2 进入光通道被接收，如图 7.3.2(a) 所示；当在下平板的电极
上施加外加电压时，在条纹电极上会产生不均匀的横向电场，并且在液-液界面上
施加介电力，使得液体 1 沿电极向外拉伸，入射光在两液体界面发生偏转，从而
导致光信号衰减，如图 7.3.2(b) 所示。除去外加电压后，由于界面张力，液体 1
将迅速返回其初始状态。下平板结构如图 7.3.2(c) 所示，其中，特氟龙为介电疏
水层，可以增加该液体光开关的稳定性和接触角。

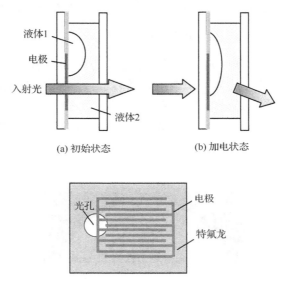

图 7.3.2　基于折射率差的介电泳液体光开关的结构和原理

7.3.2　介电泳液体光开关的性能

介电泳液体光开关的性能与器件尺寸和液体材料密切相关，本节以图 7.3.1
所示的基于染色液体的介电泳液体光开关为例，介绍介电泳液体光开关的特性。
这里选取透明甘油作为液滴材料，其表面张力约为 63dyn/cm，液滴直径约为
140μm、高度约为 70μm；选取染为黑色的液晶化合物溶液作为填充液体。

基于染色液体的介电泳液体光开关的实现过程如图 7.3.3 所示。在初始状态
时，因为被染色液体遮挡，无法观察到光信号，如图 7.3.3(a) 所示；当施加 30V
电压时，由于液滴向上拉伸，降低了染色液体层的厚度，可以观察到微弱光信号，
如图 7.3.3(b) 所示；当电压增大到 35V 时，液滴更接近上平板，光信号强度变强，

如图 7.3.3(c)所示；当施加电压为 45V 时，液滴接触到上平板表面，染色液体被推到一边，入射光通过液滴射出，如图 7.3.3(d)所示。

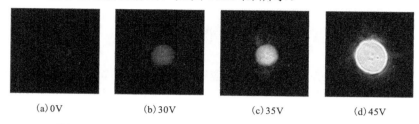

(a) 0V　　　　　(b) 30V　　　　　(c) 35V　　　　　(d) 45V

图 7.3.3　基于染色液体的介电泳液体光开关的实现过程

　　介电泳液体光开关的光孔光强可以通过外加电压进行调节，从图 7.3.3 也可以看出，随着电压的升高，光开关的光孔信号强度逐渐增大。但是，当电压升高到一定值时，光孔信号强度不再变化，达到饱和。图 7.3.4(a) 为该液体光开关的光强随外加电压的变化图，当电压大于 54V 时，通光孔中光信号强度逐渐饱和。

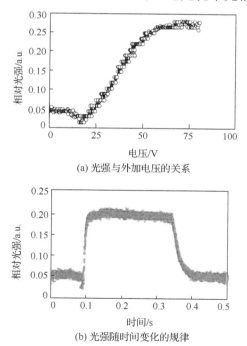

(a) 光强与外加电压的关系

(b) 光强随时间变化的规律

图 7.3.4　介电泳液体光开关的光强与外加电压的关系及随时间变化的规律

　　液体光开关的尺寸越大，响应时间越长。介电泳液体光开关的尺寸一般为几十微米到几百微米，响应时间一般为几十毫秒，若尺寸增大到毫米级，则其响应时间会增加到几百毫秒到十几秒。图 7.3.4(b) 为该液体光开关的光强随时间的变化，这里施加了 45V、脉冲(500Hz)的门控方波交流电压，响应时间和恢复时间分别约为 18ms 和 32ms。

7.4　气压液体光开关

电压驱动的液体光开关可以方便地应用于电子设备中，但其孔径可变范围受电压的影响较大，在一定程度上限制了其应用。气压驱动的液体光开关称为气压液体光开关，相比于电压驱动的液体光开关，具有光孔变化范围大、操作简易和光电特性良好等优点。本节将阐述气压液体光开关的结构和原理、制作流程及性能。

7.4.1　气压液体光开关的结构和原理

液体与液体之间具有一定的黏附性，且透明液体对入射光也会有一定程度的吸收。而气压液体光开关仅需要一种液体，有效地提高了响应时间和对比度。气压液体光开关的结构如图 7.4.1(a)所示[8]，染色液体置于中空的圆柱腔体中并将其分隔为上下两部分，在上平板上有一个透明球顶圆台，下平板旁边有一个气体通道，可以进出气体。当从气体通道向腔体内注入气体时，气压会使液体移动直至被球顶圆台"刺穿"。因为染色液体吸收入射光，所以初始状态就是液体光开关的关状态，如图 7.4.1(b)所示；当染色液体被球顶圆台"刺穿"时，球顶圆台会连接上下腔体形成液体光开关的开状态，如图 7.4.1(c)所示。

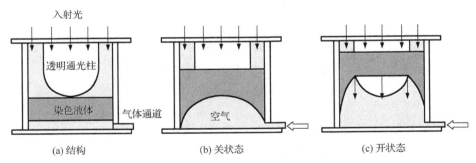

图 7.4.1　气压液体光开关的结构和原理

根据理想气体状态方程，在密闭的容器内，外界的压力改变可以使密闭气体的体积发生改变。如图 7.4.1(b)所示，当下腔体的气压增大时，液体会向上移动，并挤压上腔体，由于上腔体是密闭的空间，所以气体压力 P 和体积 V 之间的关系可以用下式表示：

$$PV = nRT \tag{7.4.1}$$

式中，n 和 T 分别为密闭容器内气体物质的量和温度；R 为理想气体常数。当温度一定时，n、R 和 T 都是常数，此时 P 与 V 成反比。气压的增大会使得体积变小，因此气压不但可以改变液体形状还可以使液体向上移动。

7.4.2　气压液体光开关的制作流程

在气压液体光开关的制作中，以 PMMA 材料的柱形中空管作为结构主体，通过打孔插入管道外接气压发生装置，用透明玻璃作为上下平板密封 PMMA 管，其中上平板上固定一个透明球顶圆台。气压液体光开关的实物及其工作状态如图 7.4.2 所示，这里选择透明液体以便从器件侧面观察到整个工作原理。在初始状态，整个球顶圆台没入液体中，如图 7.4.2(a) 所示。在给下腔体增加一定的气压之后，较低的气-液界面变凹了，同时整个液体向上移动，球顶圆台"刺穿"液体进入下腔体，这样一条连接上腔体和下腔体的光通道就形成了，如图 7.4.2(b) 所示。

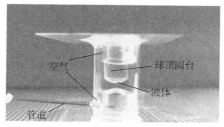

(a) 初始状态

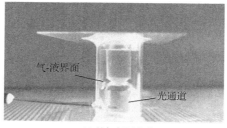

(b) 外加气压状态

图 7.4.2　气压液体光开关的实物及其工作状态

7.4.3　气压液体光开关的性能

气压液体光开关的性能主要与器件的尺寸相关。一个气压液体光开关的腔体的外直径是 10mm，内直径是 6mm，高度是 20mm，整个球顶圆台的直径约为 4.5mm。采用墨汁染色水作为该液体光开关中的液体，以 LED 作为背光源照射该液体光开关，环境大气压为 96.6kPa。

图 7.4.3(a) 显示了该液体光开关在不同气压下光孔变化的结果，图 7.4.3(b) 是光孔直径随气压变化的曲线。当气压 $P<139.5$kPa 时，气压不足以推动液体被球

顶圆台"刺穿"，因此光孔直径为 0mm；当气压 P>139.5kPa 时，液体被球顶圆台"刺穿"，这样就形成光通道，并在不同的气压下出现不同大小的光孔，这时随着气压的增大，光孔逐渐变大；当气压 P>378.2kPa 时，光孔直径约为 4.5mm，为整个球顶圆台的直径，所以光孔不再继续增大。该液体光开关可以在气压的控制下形成直径为 0~4.5mm 的可变光孔。

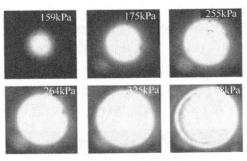

(a) 光孔随气压变化的结果

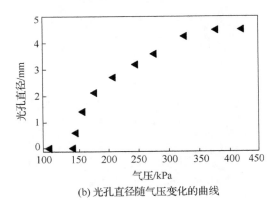

(b) 光孔直径随气压变化的曲线

图 7.4.3　气压液体光开关的光孔与气压的关系

气压液体光开关的对比度与光孔直径有关，使用 0.14mW 的激光光源，经准直扩束后垂直照射在该液体光开关上，该液体光开关的光强随气压变化的关系如图 7.4.4(a)所示。光强随着气压的增大而增大，变化趋势基本与光孔大小的变化趋势相同。但是，当 P>105.3kPa 时，光强开始变化，这点与光孔的初始气压（139.5kPa）不同，这是由于激光束的强度非常高，在球顶圆台没有"刺穿"液体之前，光线已经通过薄薄的黑色染色液体。当 P>378.2kPa 时，光强不再变化。在该液体光开关的关状态和开状态下，测得的光强分别为 0.1μW 和 117.8μW，所以该液体光开关的对比度为 1178：1。

气压液体光开关的响应时间随气压的增加而减小，给该液体光开关加一个

378.2kPa 的瞬时气压，该液体光开关的上升时间为 35ms。撤掉瞬时气压，上腔体的强大气压会将液体重新推回原位置，下降时间为 62ms，如图 7.4.4(b) 所示。

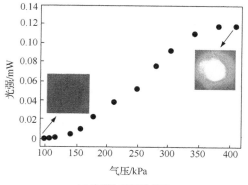

(a) 光强与气压的关系

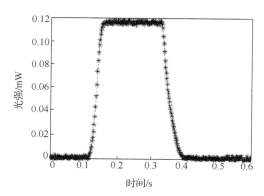

(b) 光强随时间变化的规律

图 7.4.4　气压液体光开关的光强与气压的关系及随时间变化的规律

7.5　液压液体光开关

液压也是一种液体光开关的常用驱动方式。液压液体光开关与气压液体光开关的结构和原理都很相似，主要的区别在于液压液体光开关通过液体量的改变来实现光开关的功能。本节将阐述液压液体光开关的结构和原理、制作流程及性能。

7.5.1　液压液体光开关的结构和原理

图 7.5.1 为一种液压液体光开关的结构和原理[9]。液压液体光开关由两个圆柱腔体夹着弹性膜组成，弹性膜上表面覆盖一层染色液体，两个腔体其余空间充满

透明液体，且可以通过液体通道向腔体内注入或抽出液体，如图 7.5.1(a) 所示。在初始状态下，染色液体完全覆盖在中间平板上，液体光开关为关状态，如图 7.5.1(b) 所示；当向下腔体内注入透明液体时，弹性膜被挤压而变形，形成向上的凸面，染色液体被凸起的弹性膜推到腔室的侧壁，液体光开关为开状态，如图 7.5.1(c) 所示。因此，液体光开光的衰减度和状态可以通过改变液体体积来调节。

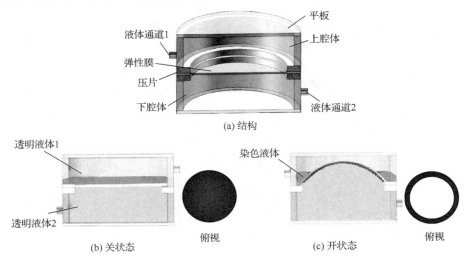

图 7.5.1　　液压液体光开关的结构和原理

某些液体对特定波段的光具有吸收作用，利用该特征可实现一些特殊波段的液压液体光开关。

例如，甘油吸收 1450～1650nm 的红外光，在图 7.5.1 所示的结构基础上进一步改进，可以实现红外光/可见光切换的液压液体光开关，结构如图 7.5.2(a)所示[10]。该液压液体光开关主体由平板和三个腔体堆叠形成，其中液体 1 是用于吸收红外光的甘油，液体 2 是用于吸收可见光的染色液体，液体 3 是红外光和可见光都可以透射的透明液体。在初始状态下，甘油和染色液体完全填充在每个腔体中，当在红外光和可见光范围内照射该液体光开关时，该液体光开关为关状态。当将液体 3 从入口 1 注入液体控制腔时，弹性膜的形状将被改变，进一步注入液体 3，弹性膜接触到上平板，可以形成光通道，多余的液体 1 同时从出口 1 流出，红外光可以通过该液体光开关，而可见光被染色液体吸收，如图 7.5.2(b)所示。同理，当将液体 3 从入口 2 注入液体控制腔时，弹性膜可以接触到下平板，并且可以形成光通道，在这种状态下可见光可以穿过整个液体光开关，而红外光被甘油吸收，如图 7.5.2(c)所示；如果同时将液体 3 注入两个液体控制腔中，并保持液压升高，直到两个弹性膜分别接触到上下平板，光通道可以同时使红外光和可见光通过该液体光开关，如图 7.5.2(d)所示。

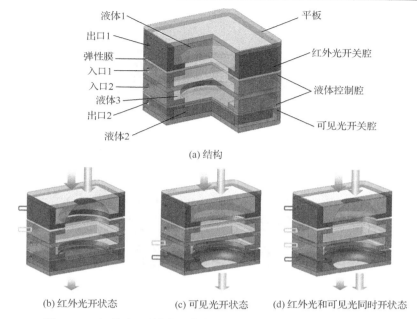

液体1　　　　　　　　　平板
出口1
弹性膜　　　　　　　　　红外光开关腔
入口1
入口2　　　　　　　　　液体控制腔
液体3
出口2　　　　　　　　　可见光开关腔
液体2

(a) 结构

(b) 红外光开状态　　　(c) 可见光开状态　　　(d) 红外光和可见光同时开状态

图 7.5.2　红外光/可见光切换的液压液体光开关的结构和原理

7.5.2　液压液体光开关的制作流程

　　下面以图 7.5.2 所示的红外光/可见光切换的液压液体光开关为例，介绍液压液体光开关的一般制作流程。三个液体腔选用光敏树脂通过 3D 打印机制成，两个注射泵分别连接入口 1 和入口 2，出口 1 和出口 2 与储存容器连接。基底和弹性膜分别由 PMMA 和 PDMS 制成。首先组装两个液体控制腔，中间使用隔板以分别控制红外光开关腔和可见光开关腔，随后在上下面固定弹性膜，如图 7.5.3(a) 和(b) 所示；然后将红外光开关腔、可见光开关腔、液体控制腔堆叠黏结在一起，并用两片玻璃平板上下封住该液体光开关，如图 7.5.3(c) 和(d) 所示；最后将三种液体分别注入每个腔体，如图 7.5.3(e) 所示。该液体光开关的组成部件实物如图 7.5.4 所示。

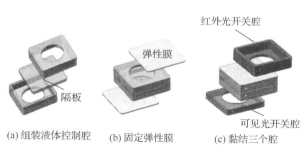

红外光开关腔

弹性膜

隔板

可见光开关腔

(a) 组装液体控制腔　　(b) 固定弹性膜　　(c) 黏结三个腔

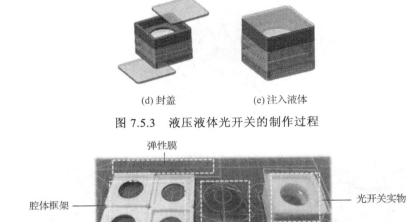

(d) 封盖　　　　　　　(e) 注入液体

图 7.5.3　液压液体光开关的制作过程

图 7.5.4　组成部件实物

7.5.3　液压液体光开关的性能

下面以图 7.5.1 所示的液压液体光开关为例,介绍液压液体光开关的性能。两个腔体的高度和直径分别为 5mm 和 20mm,两个通道的直径均为 0.5mm,该液体光开关整体高度为 13mm。透明液体 1 为硅油,其黏度为 10mPa·s;透明液体 2 为苯甲基硅油,其黏度为 150mPa·s;染色液体为混合有墨汁的水溶液,其黏度为 1.5mPa·s。透明液体 1 和染色液体的体积比约为 1∶2。

该液体光开关的实现过程如图 7.5.5 所示。在初始状态,染色液体完全扩散到弹性膜的表面,该液体光开关处于关状态,如图 7.5.5(a)所示;当增大透明液体 2 的体积时,弹性膜随之向上突起,染色液体被推到上腔体的侧壁,光孔逐渐打开,光孔直径随液体注入量的增加而增大,如图 7.5.5(b)～(d)所示。其最大的液体注入体积约为 270μL,如果再向下腔体中注入透明液体 2,则弹性膜将被破坏,很难恢复到初始形状。

液压液体光开关的衰减度可以通过注入液体量来调节。以波长为 632.8nm 的 LED 灯照亮该液体光开关,在初始状态下,入射光的光功率为 200μW,测得的输出光功率为 0.1μW。因此,首先达到最大衰减度约为 33.01dB;随着注入液体量的增加,衰减度逐渐减小;当体积变化达到 270μL 时,入射光的光功率约为 170μW,衰减度达到最小值,约为 0.71dB。该液体光开关的衰减度与液体注入量的关系如图 7.5.6 所示。

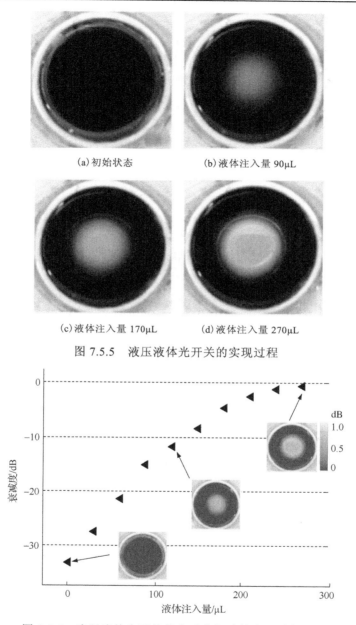

(a) 初始状态　　　　　　　　　(b) 液体注入量 90μL

(c) 液体注入量 170μL　　　　　(d) 液体注入量 270μL

图 7.5.5　液压液体光开关的实现过程

图 7.5.6　液压液体光开关的衰减度与液体注入量的关系

　　响应时间是衡量液压液体光开关的一个关键参数。这里的响应时间为光强衰减从 33.01dB (0.71dB) 变为 0.71dB (33.01dB) 的时间。该液体光开关的归一化光强随时间变化的关系如图 7.5.7 所示，其平均上升时间和下降时间分别为 3.6s 和 2.5s。

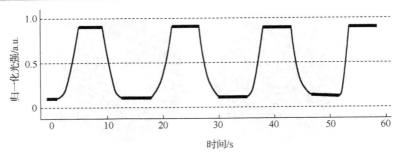

图 7.5.7　液压液体光开关的归一化光强随时间变化的关系

参 考 文 献

[1]　Li L, Liu C, Ren H, et al. Adaptive liquid iris based on electrowetting[J]. Optics Letters, 2013, 38（13）: 2336-2338.

[2]　Müller P, Kloss A, Liebetraut P, et al. A fully integrated optofluidic attenuator[J]. Journal of Micromechanics and Microengineering, 2011, 21（12）: 125027.

[3]　Liu C, Li L, Wang D, et al. Liquid optical switch based on total internal reflection[J]. IEEE Photonics Technology Letters, 2015, 27（19）: 2091-2094.

[4]　Liu C, Li L, Wang Q H. Bidirectional optical switch based on electrowetting[J]. Journal of Applied Physics, 2013, 113（19）: 193106.

[5]　Wang M H, Wang Q H, Liu C. 1×2 optical switch based on electrowetting[J]. Optical Engineering, 2014, 53（5）: 055103.

[6]　Ren H W, Wu S T. Optical switch using a deformable liquid droplet[J]. Optics Letters, 2010, 35（22）: 3826-3828.

[7]　Xu S, Ren H W, Sun J, et al. Polarization independent VOA based on dielectrically stretched liquid crystal droplet[J]. Optics Express, 2012, 20（15）: 17059-17064.

[8]　Li L, Liu C, Ren H, et al. Fluidic optical switch by pneumatic actuation[J]. IEEE Photonics Technology Letters, 2013, 25（4）: 338-340.

[9]　Liu C, Wang D, Wang Q H. Variable aperture with graded attenuation combined with adjustable focal length lens[J]. Optics Express, 2019, 27（10）: 14075-14084.

[10]　Liu C, Wang D, Wang G X, et al. 1550nm infrared/visible light switchable liquid optical switch[J]. Optics Express, 2020, 28（6）: 8974-8984.

第 8 章　液体光偏转器

光偏转器是重要的光子器件，可以对入射光束进行折射和反射，已广泛应用在转镜式高速摄影机、光学图像的记录和野外勘测定向等领域。传统的固体光偏转器面的斜率是固定不变的，要实现对光束不同角度的偏转，通常需要移动相关部件或者转动设备，所以固体光偏转器在成本、响应时间和精度等方面都越来越难以满足实际应用需求。近十年来，人们对液体光子器件的兴趣，不仅局限于液体透镜和液体光开关等液体光子器件，也逐渐延伸到了液体光偏转器[1]。液体光偏转器可以通过控制液-液界面的倾斜程度，达到对光束导航的目的。本章主要介绍电润湿液体光偏转器、介电泳液体光偏转器和液压液体光偏转器的结构和原理、制作流程及光电特性。

8.1　电润湿液体光偏转器

电润湿液体光子器件具有响应速度快、功耗低和无机械部件等优点，其应用范围非常广泛，被认为是最具发展前途的液体光子器件之一[2]。在过去几年里，电润湿液体透镜的研究已经有了很大进展，开始了商业化，并获得了一定的经济效益。随着研究的深入，电润湿液体光偏转器也必将得到广泛应用。电润湿液体光偏转器通过控制外加电压来改变腔体内液体的接触角，进而改变液体的分布，以此实现对入射光的折射，再将不同的折射方向与角度分别对应不同的位置，利用光束偏转的大小实现光束导航功能[3]。相比于传统的光束导航技术，基于电润湿液体光偏转器的光束导航技术具有功耗低、体积小和响应时间短等特性，是未来光束导航技术发展的方向之一[4]。

8.1.1　电润湿液体光偏转器的结构和原理

电润湿液体光偏转器[5]的结构如图 8.1.1 所示。该光偏转器的腔体由四块表面均涂覆了介电层和疏水层的矩形 ITO 导电玻璃组成，底面平板也采用 ITO 导电玻璃，并作为电极的一端，腔体中所填充的液体是低折射率的电介质盐溶液和高折射率的非极性绝缘油。在无外加电压时，该光偏转器整体处于平衡状态，电介质盐溶液与腔体侧壁面的接触角满足 Young 方程，此时可以通过控制外加电压的大小来调节电介质盐溶液与腔体侧壁面接触角的大小。当电极上施加的电压为零时，由于两种液体密度近似相等且互不相溶，所以自然状态下在腔体内形成球形液-液界面。

此时假设在腔体左侧施加电压为 U_1，右侧施加电压为 U_2，电介质盐溶液与腔体两侧壁的接触角分别为 θ_1 和 θ_2，θ_1 和 θ_2 与 U_1 和 U_2 之间的关系分别为

$$\cos\theta_1 = \cos\theta_0 + \frac{1}{2\gamma}\frac{\varepsilon_0\varepsilon_r}{d}U_1^2 \tag{8.1.1}$$

$$\cos\theta_2 = \cos\theta_0 + \frac{1}{2\gamma}\frac{\varepsilon_0\varepsilon_r}{d}U_2^2 \tag{8.1.2}$$

式中，ε_0 为真空中的介电常数；ε_r 为电介质盐溶液的介电常数；γ 为固-液界面的表面张力；d 为介电层的厚度。

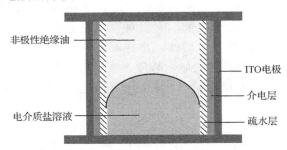

非极性绝缘油　　　　　　　　　ITO电极

　　　　　　　　　　　　　　　介电层

电介质盐溶液　　　　　　　　　疏水层

图 8.1.1　电润湿液体光偏转器的结构

当腔体侧壁面施加的电压 U_1 和 U_2 满足一定条件时，相应的接触角 θ_1 和 θ_2 满足 $\theta_1+\theta_2=\pi$，且双液-液界面表现为平界面。将 $\theta_1+\theta_2=\pi$ 代入式(8.1.1)和式(8.1.2)可得

$$U_2 = \sqrt{U_1^2 - \frac{4d\gamma\cos\theta_1}{\varepsilon_0\varepsilon_r}} \tag{8.1.3}$$

由式(8.1.3)可知，在电润湿液体光偏转器中，当腔体左侧壁面施加的驱动电压为 U_1，对应的电介质盐溶液与左侧壁面的接触角为 θ_1 时，腔体右侧壁面的驱动电压 U_2 必须满足式(8.1.3)。若在液体光偏转器上施加满足式(8.1.3)的电压，便可以获得不同倾斜程度的液-液界面，继而实现对光束方向的控制以及偏转功能。反之，根据预先设定好的倾斜角度，也可以通过式(8.1.1)和式(8.1.3)计算出液体光偏转器所需要的两侧壁面的所加电压 U_1 和 U_2。

大的光束导航角度才能使液体光偏转器具有更加广泛的应用范围，为了增大光束导航角度，出现了利用重力效应的大偏转角的电润湿液体光偏转器，如图 8.1.2 所示。在该结构中两种液体的密度不同，所以在考虑上述表面张力的平衡关系时，应该考虑重力效应因子 $\gamma(G)$，施加驱动电压之后达到新的平衡状态，表达式如下：

$$\gamma_{sw} + \gamma_{wo}\cos\theta_Y = \gamma_{so} + \gamma(G) \tag{8.1.4}$$

式中，γ_{sw}、γ_{wo}、γ_{so} 分别为固-水界面、水-油界面、固-油界面的表面张力；θ_Y 为电介质盐溶液与侧壁的接触角。

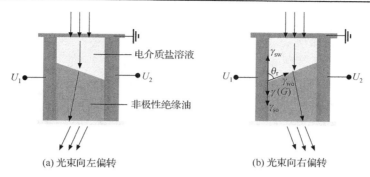

(a) 光束向左偏转　　　　　　　　　　　(b) 光束向右偏转

图 8.1.2　利用重力效应的电润湿液体光偏转器的结构和原理

在重力效应因子 $\gamma(G)$ 的作用下，该电润湿液体光偏转器具有更强的光束偏转能力。但是，与此同时导致液体光偏转器的稳定性有所降低。

为了在增大光束偏转角度的同时不降低液体光偏转器的稳定性能，可以利用双层电润湿液体光偏转器，即用双液-液界面来偏转光束。在增大光束偏转角度的同时，双层电润湿液体光偏转器还能实现二维光束偏转的功能。

双层电润湿液体光偏转器的结构和原理如图 8.1.3 所示，将两个方形的液体光偏转器腔体胶合在一片双面 ITO 电极上，两个液体光偏转器腔体分别称作上腔体和下腔体，每个腔体中填充非极性绝缘油和电介质盐溶液，这样构成了双层电润湿液体光偏转器。未加电压时为初始状态，如图 8.1.3(a) 所示。将中间夹层的双面 ITO 电极接地，将上腔体、下腔体的左侧 ITO 电极和右侧 ITO 电极分别相连。当向两侧壁外加电压时，电润湿效应使得电介质盐溶液会向两侧壁涌动，但是由于两侧壁所加电压强度不同，所以向两侧壁涌动的幅度也有差异，继而形成类似光偏转器形状的界面，如图 8.1.3(b) 所示。同理，当外加电压 $U_1 > U_2$ 时，两层液体光偏转器的界面斜度又会随之改变，如图 8.1.3(c) 所示。这样可以通过调节两侧壁外所电压的大小随时控制液体光偏转器的斜率。

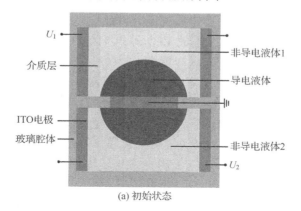

(a) 初始状态

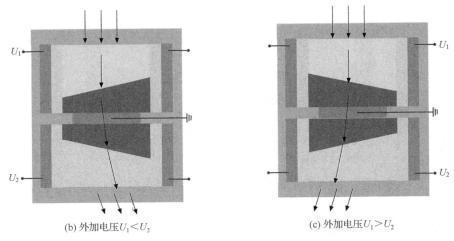

(b) 外加电压 $U_1 < U_2$　　　　　　　　　　　(c) 外加电压 $U_1 > U_2$

图 8.1.3　双层电润湿液体光偏转器的结构和原理

8.1.2　电润湿液体光偏转器的制作流程

　　电润湿液体光偏转器的外部腔体和基底一般为玻璃、多晶硅、PMMA 和 PDMS 等材料。填充液体材料一般为两种或几种互不相溶的电介质盐溶液和非极性绝缘油。电介质盐溶液一般为去离子水和离子化合物的混合溶液，非极性绝缘油一般为与去离子水互不相溶的油性纯净物或化合物。下面以图 8.1.1 所示的电润湿液体光偏转器为例，介绍一般电润湿液体光偏转器的制作流程。其制作流程包括涂覆介电层、涂覆疏水层、下平板封装、注入电介质盐溶液和注入非极性绝缘油。

　　为了简化加工过程且便于在实验中观察双液-液界面形变，在实验中通常使用透明的 ITO 导电玻璃来组成液体光偏转器腔体或侧壁。ITO 导电玻璃一般是通过磁控溅射的方法在钠钙或硅硼玻璃基片上镀一层 ITO 薄膜制作完成的。在薄膜厚度只有几十至百纳米量级的情况下，ITO 导电玻璃具有高透过率以及出色的导电能力。裁剪一块合适大小的 ITO 导电玻璃，将其作为下平板，与液体光偏转器腔体用胶水整体封装，这样就制作完成了最基本的液体光偏转器。

　　接下来的工作就是将两种液体注入液体光偏转器中。一种为电介质盐溶液，另一种是非极性绝缘油，两种透明但不相溶的液体的选择有以下三个要素：①密度相同，原因是尽量避免重力影响液-液界面的面型；②相对的折射率差较大，折射率差越大，光束在液-液界面发生的偏转就会越大，也就是说光束偏转的范围也就越大；③相对的表面张力差较大，表面张力差越大，接触面的初始接触角越大，液-液界面调控的范围就会越大。

　　在制作的过程中，各种各样的原因会导致液体光偏转器无法发挥其理论上的功能，原因有以下几点：①初始接触角过小，且疏水层涂覆的过程中混入杂质，导致疏水层的性能无法完全发挥，进而影响接触角的大小。②短路现象。电介质盐溶液的一侧是下平板，另一侧是有绝缘层的腔体侧壁，在涂覆的过程中没有做到完全绝缘，导致短路，液-液界面自然无法随着施加电压的变化而变化。③重复性较差。制作好的液体光偏转器在多次施加电压之后，光束偏转效果会随着时间的推移出现偏差。

8.1.3　电润湿液体光偏转器的光电特性

下面以液体光偏转器为例简述电润湿液体光偏转器的光电特性。在不同驱动电压下电润湿液体光偏转器的液-液界面倾斜实验结果如图 8.1.4 所示。由于左右两侧加电原理相似，仅研究左侧电压较高的加电状态，可代表一般情况。如图 8.1.4（a）所示，当左侧电压 U_1=80V，右侧电压 U_2=70V 时，上腔体和下腔体内部液面的倾斜角度分别为 13° 和 19°。逐渐升高电压，当左侧电压 U_1=90V，右侧电压 U_2=60V 时，上腔体和下腔体内部液面的倾斜角度分别为 25° 和 27°，如图 8.1.4（b）所示。从实验可以发现，逐渐增大电压，液-液界面的倾斜角度逐渐增大。此实验证明，该液体光偏转器可以实现光束导航的功能。

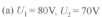

(a) U_1 = 80V, U_2 = 70V　　　　(b) U_1 = 90V, U_2 = 60V

图 8.1.4　不同外加电压下液体光偏转器液-液界面倾斜实验结果

响应时间是液体光偏转器性能的重要衡量标准。首先定义液体光偏转器在初始位置时为起点，左右运动往复一周的时间为总响应时间。在实验中，采用交流电驱动该液体光偏转器，左侧加电压时往复的时间为 72ms，右侧加电压时往复的时间为 130ms，因此该液体光偏转器总响应时间为 202ms。该液体光偏转器总响应时间与光束偏转角度的测量结果如图 8.1.5 所示。图中，左方向导航为负方向，反之为正方向。

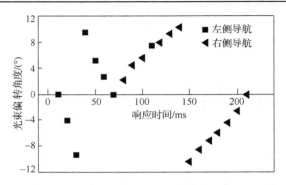

图 8.1.5　液体光偏转器总响应时间与光束偏转角度的测量结果

在实际应用中，非极性绝缘油的黏度不仅是测量电润湿液体光偏转器响应时间的重要考虑因素，而且在一定程度上可以决定该液体光偏转器是否具有快速稳定的工作能力。因为过大或过小的黏度将会导致液体光偏转器出现过阻尼或者阻尼振荡现象，大大影响光束偏转性能，选择合适的黏度系数就显得尤为重要。

此外，由于电润湿效应存在接触角饱和现象，基于该原理制作的液体光偏转器的光束偏转角度无法随着外加电压无限增大，同时长时间高电压驱动会导致介电层受到不可逆的损害，降低液体光偏转器的使用寿命。从这方面看，电润湿液体光偏转器的稳定性、持久性方面还有待提高。

8.2　介电泳液体光偏转器

电润湿液体光偏转器虽然具有响应速度快、原料廉价和无液压部件等诸多优点，但是由于电润湿液体光偏转器中必须填充一种导电液体，所以长时间高压驱动容易发生电解或产生微气泡，造成器件的损坏[6]。根据介电泳原理，即自由介电分子在非均匀电场中会极化并受力移动,介电液体在非均匀电场中会发生形变，可以呈现与电润湿类似的特性。与电润湿液体光偏转器相比，介电泳液体光偏转器也是使用两种液体，但是不需要导电液体，只要选择折射率和介电常数相差较大的两种或几种液体即可，因而液体的选择更为宽泛且有效避免了电解。但介电泳液体光偏转器也存在一些亟待解决的问题，如驱动电压高，集成于系统中时就需要另外设计升压模块以得到较高的电压；此外，由于介电泳能驱动的液体界面大小有限，所以介电泳液体光偏转器能偏转光束的口径较小。

8.2.1　介电泳液体光偏转器的结构和原理

介电泳液体光偏转器的设计思想是在器件腔体中填充介电常数不同的两种液

体。在初始状态时，液-液界面有一定的偏转角度，在外部电场作用后，高介电常数液体会沿电场方向运动，挤压低介电常数液体，使液-液界面发生改变，继而光束发生偏转。继续增加电压，可使界面继续变化，实现光偏转器的功能。

下面介绍一种经典的介电泳液体光偏转器[7]，其结构和原理如图 8.2.1 所示。该液体光偏转器由两层 ITO 导电玻璃和一层间隔物组成，液体 1 和液体 2 的折射率与介电常数均不相同，由间隔物的大小来调整两层 ITO 导电玻璃之间的距离，从而产生非均匀电场。初始状态时，外加电压为 0V；在外加电压后，介电常数高的液体 1 会向高电场方向运动，介电常数低的液体 2 会向低电场方向运动，导致光束发生偏转，如图 8.2.1 所示。实验结果表明，在 120V 电压驱动下，光束偏转角度为 4°。若将两个器件正交叠加，则可实现二维光束导航。

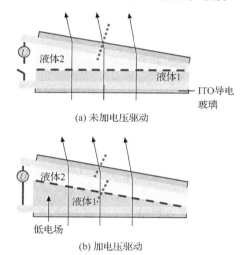

(a) 未加电压驱动

(b) 加电压驱动

图 8.2.1 经典的介电泳液体光偏转器的结构和原理

一种三明治结构的介电泳液体光偏转器如图 8.2.2 所示[8]，其中间填充两种不相溶的、介电常数不同的液体，图 8.2.2(a) 和 (b) 分别为未加电压驱动和加电压驱动的状态。如图 8.2.3(a) 所示，液体 1 的形状为球形，故曲面所受的电场力不均

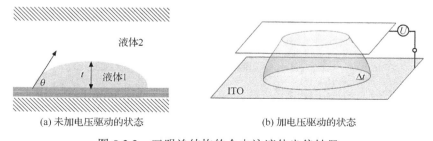

(a) 未加电压驱动的状态

(b) 加电压驱动的状态

图 8.2.2 三明治结构的介电泳液体光偏转器

匀，导致介电常数较大的液体 1 受到介电泳力的影响向上移动，触及到顶部平板后向四周扩散，从而光束由平行到发散出射，实现光的偏转。加电压驱动后，光束可以平行出射，如图 8.2.3(b) 所示。

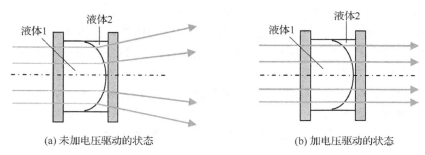

(a) 未加电压驱动的状态   (b) 加电压驱动的状态

图 8.2.3   三明治结构的介电泳液体光偏转器的光束偏转原理

8.2.2   介电泳液体光偏转器的制作流程

下面以图 8.2.1 所示的经典介电泳液体光偏转器为例介绍其制作流程，如图 8.2.4 所示。首先，将垫块放置在平板上，平板中心有一个小孔，将底部 ITO 导电玻璃安装在平板上，ITO 导电玻璃的一个边缘由垫块支撑以使玻璃倾斜。然后，在 ITO 导电玻璃上安装一个方形聚合物框架用以储存液体 1，重要的是确保聚合物框架完全粘在 ITO 导电玻璃上，并且没有缝隙。接着，将间隔物黏附在基底上，形成一个间隔，该间隔的作用是在某个方向上产生非均匀电场，在非均匀电场作用下，两种电介质液体的界面会发生倾斜，导致光束偏转。之后，将液体 1 填充到腔体中，并用液体 2 填充剩余空间。该介电泳液体光偏转器需要考虑重力影响，液体 1 的密度应该略大于液体 2，以便于在制作和操作过程中液体 2 始终稳定浮于液体 1 上方。最后，用顶部的 ITO 导电玻璃密封器件。该介电泳液体光偏转器的底部玻璃倾斜角度为 2.5°~10°，其中，液体 1 可选光学液体 (SL-5267)，液体 2 可选去离子水等。

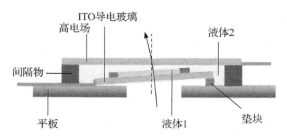

图 8.2.4   经典介电泳液体光偏转器的制作流程

8.2.3 介电泳液体光偏转器的光电特性

下面以图 8.2.1 所示的经典介电泳液体光偏转器为例介绍其光电特性。光束偏转角度是液体光偏转器光电特性的重要指标，在该实验中用 He-Ne 激光器（λ=633nm）作为探测光束并对该液体光偏转器施加交流电压（200Hz 的方波）。随着电压的增大，该液体光偏转器逐渐使光束发生偏转，光斑位移的距离（D）逐渐增大。根据测得的 D，可以通过 $\tan\theta-D/L$ 计算光束偏转角度。液体光偏转器与光斑着点处的距离 L=660mm，测量的光束偏转角度及光斑位置的移动距离如图 8.2.5 所示。在外加电压为 180V 时，位移为 10.1mm，光束偏转角度约为 0.87°。随着电压的升高，光束偏转角度增大，在感应电场较强的高压区，光束偏转角度迅速增大。然而，由于聚合物框架边缘的限制，驱动电压增加光束偏转角度已不会继续增大，此时光束偏转角度约为 0.87°。

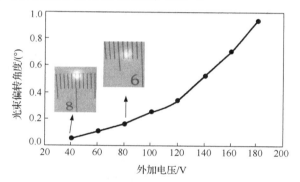

图 8.2.5 光束偏转角度与外加电压的关系

液-液界面的边缘与聚合物框架的边缘相互作用，当光束通过该液体光偏转器时，光斑的形状会受到很大影响。图 8.2.5 中左侧的插图显示了来自光源并直接投射到屏幕上的原始光斑，光斑大小约为 2mm。加上 80V 驱动电压后，透过该液体光偏转器的光斑如图 8.2.4 中右面的插图所示。虽然光束大小变化不大，但光斑形状略有扭曲。当光束离开界面中心区域更远时，失真和发散更严重。

8.3 液压液体光偏转器

在光电检测中，多个集成元件之间光路的精确调控至关重要。传统的立体光偏转器具有固定的几何形状，一旦光偏转器被封装起来，折射角是不可改变的，无法随系统需要自适应调节[9]。

为了克服这一困难，人们设计了不同类型的液压液体光偏转器，其中一种是基于层流两相流的液压液体光偏转器，采用夹层-芯层-夹层结构[10]，其光学界面通过在腔室中分布一排压力屏障而保持直线形状，通过调整芯流和包层流的流量比，可以自适应地调整光偏转器的顶角。另一种是利用两个离心迪恩流体的液压液体光偏转器[11]，它是利用离心迪恩流体通过弯曲微通道时会改变管道内液体压力场，导致流体界面形状变化的特性，形成三维液体波导。此外，还有一种芯片式微型液压液体光偏转器，通常由 PDMS 制成，在空心光偏转器中填充不同折射率的液体来实现对光束的偏转控制。本节详细介绍两种液压液体光偏转器的结构和原理、制作流程及光电特性。

8.3.1　液压液体光偏转器的结构和原理

比较经典的基于层流两相流的液压液体光偏转器的结构和原理如图 8.3.1 所示[12]。当向基于层流两相流的液压液体光偏转器腔体内注入不相溶的几种液体时，液-液界面之间会形成夹层-芯层-夹层结构的液-液界面。在该液体光偏转器中，将两层流体注入三角形腔室，通过控制两层流体的流量，可以调节该液体光偏转器的顶角，继而改变入射光束的偏转角。内层流体是该液体光偏转器的主要部分，外层流体是用来调节该液体光偏转器形状的。当两层流体在矩形微通道中时，内层流体和外层流体的宽度由它们各自的黏度和体积流量控制。两层流体在腔体内的界面可以近似地看作从入口到腔体顶点的一条直线，流量的分布与流体的宽度成正比。在该液体光偏转器中，引入了一个控制层流体，该控制层流体由与外层流体相同的液体组成，流量为 Q_3，以控制光偏转器的形状。因此，基角 θ 不仅是 Q_1，而且是 Q_2 的函数。当控制层流体被注入腔室时，Q_3 的值被定义为正；反之，Q_3 的值被定义为负。由此可知，该液体光偏转器的形状可以在不同的流动条件下改变。

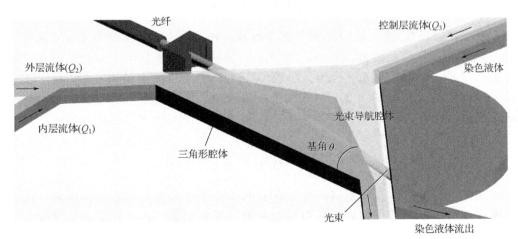

图 8.3.1　基于层流两相流的液压液体光偏转器的结构和原理

　　一种基于反射镜的液压液体光偏转器的原理如图 8.3.2 所示[13]，该液压液体光偏转器由三层平板、弹性膜、磁性基底和反射镜组成。底部平板设计有三个改变液体体积的流体通道。中间平板和顶部平板分别有三个圆孔和三层弹性膜，整个液压液体光偏转器类似一个"三明治"结构。当液体从通道中吸入/排出时，这三个圆孔可以起到液体活塞的作用。反射镜覆盖在磁性基底上，磁性基底固定在顶部平板上。当液体活塞被驱动时，弹性膜的形状也随之改变。可以控制三个液体活塞的液体注入量使反射镜向不同的方向倾斜。当光束入射到反射镜上时，可以达到经度上的多向光束控制功能。实验表明，该反射镜可以使光束在经纬 6 个方向上偏转 0°～12.7°。基于反射镜的液压液体光偏转器在自由空间光通信、激光探测和太阳能电池等领域具有潜在的应用前景。

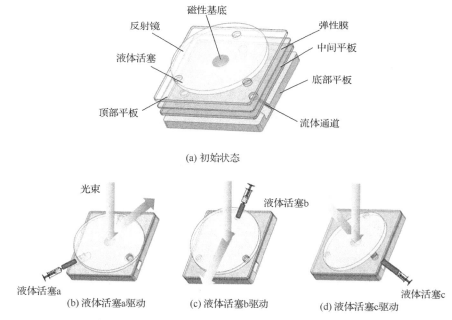

图 8.3.2　基于反射镜的液压液体光偏转器的原理

8.3.2　液压液体光偏转器的制作流程

　　下面以图 8.3.2 所示的基于反射镜的液压液体光偏转器为例介绍液压液体光偏转器的制作流程，如图 8.3.3 所示。首先，采用软刻蚀技术在 PMMA 衬底上刻蚀三个流体通道，如图 8.3.3(a) 所示。然后，制备两片以三个孔为中间和顶部衬底的 PMMA 薄膜，以及用于形成液体活塞的 PDMS 弹性膜。接着，将顶部平板、弹性膜和中间平板组装成"三明治"结构，如图 8.3.3(b)～(d) 所示。最后，在顶部平板上制备磁性基底，将涂有银膜的铁箔用作反射镜，可平稳地放在磁性基底上，如图 8.3.3(e)所示；注入液体，如图 8.3.3(f)所示，就完成了基于反射镜的液压液体光偏转器的制作。

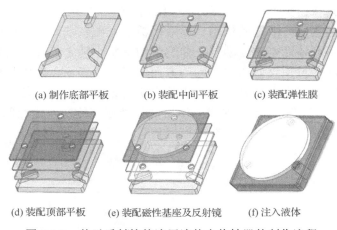

(a) 制作底部平板　　　(b) 装配中间平板　　　(c) 装配弹性膜

(d) 装配顶部平板　(e) 装配磁性基座及反射镜　(f) 注入液体

图 8.3.3　基于反射镜的液压液体光偏转器的制作流程

8.3.3　液压液体光偏转器的光电特性

下面以图 8.3.2 所示的基于反射镜的液压液体光偏转器为例说明液压液体光偏转器的光电特性。在原理实验中，首先以 PMMA 薄片代替圆形反射镜，并直接覆盖在没有磁性基底的顶平板上。其目的是表明液体活塞能够在相对高阻力环境中正常工作。在实验中，使用液体泵将液体注入流体通道中，并驱动相应位置的液体活塞。在实验过程中，注射速度为 5μL/s，当液体活塞 a 分别在 5μL、10μL和 15μL 的液量下时，液体活塞 a 凸起的高度相应发生变化，如图 8.3.4(a)所示。液体活塞 b 和液体活塞 c 的变化相同，如图 8.3.4(b)和(c)所示。

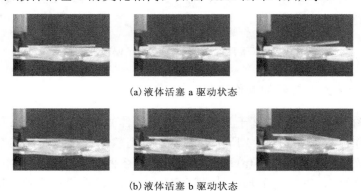

(a) 液体活塞 a 驱动状态

(b) 液体活塞 b 驱动状态

(c) 液体活塞 c 驱动状态

图 8.3.4　基于反射镜的液压液体光偏转器原理实验

在光偏转实验中，使用激光器照射液体光偏转器。在初始状态下，首先要调整反射光束的光斑照射在屏幕中心，如图 8.3.5(a)所示。然后依次驱动液体活塞 a、液体活塞 b 和液体活塞 c，最大液体体积的变化量为 15μL，实验结果如图 8.3.5(b)～(d)所示。在液体体积变化 15μL 的情况下，还同时驱动液体活塞 a 和液体活塞 b，实验结果如图 8.3.5(e)所示。在这种状态下，激光光束可以转向另一个方向。类似地，当同时驱动液体活塞 a 和液体活塞 c，或者同时驱动液体活塞 b 和液体活塞 c 时，甚至同时驱动液体活塞 a、液体活塞 b、液体活塞 c，均可以使光束偏转到特定方向，如图 8.3.5(f)和(g)所示。实验结果表明，该液体光偏转器在经度上可以达到六个方向的光束偏转功能。

(a) 初始状态　　　　(b) 液体活塞 a 驱动　　　(c) 液体活塞 b 驱动　　　(d) 液体活塞 c 驱动

(e) 液体活塞 a 和 b 驱动　　(f) 液体活塞 a 和 c 驱动　　(g) 液体活塞 b 和 c 驱动

图 8.3.5　不同液体活塞驱动下光束的偏转实验

参 考 文 献

[1]　Smith N R, Abeysinghe D C, Haus J W, et al. Agile wide-angle beam steering with electrowetting microprisms[J]. Optics Express, 2006, 14(14): 6557-6563.

[2]　Cheng J T, Chen C L. Adaptive beam tracking and steering via electrowetting-controlled liquid prism[J]. Applied Physics Letters, 2011, 99(19): 191108.

[3]　Kopp D, Lehmann L, Zappe H. Optofluidic laser scanner based on a rotating liquid prism[J]. Applied Optics, 2016, 55(9): 2136-2142.

[4]　Lee J, Lee J, Won Y H. Nonmechanical three-dimensional beam steering using electrowetting-based liquid lens and liquid prism[J]. Optics Express, 2019, 27(25): 36757-36766.

[5]　Luo L, Li L, Wang J H, et al. Electrowetting actuated liquid prism with large steering angle based on additional gravitational effects[J]. Journal of the Society for Information Display, 2018, 26(7): 407-412.

[6]　Liu C, Li L, Wang Q H. Liquid prism for beam tracking and steering[J]. Optical Engineering, 2012, 51(11): 114002.

[7]　Lin Y J, Chen K M, Wu S T. Broadband and polarization-independent beam steering using dielectrophoresis-tilted prism[J]. Optics Express, 2009, 17(10): 8651-8656.

[8]　Ren H W, Xu S, Wu S T. Deformable liquid droplets for optical beam control[J]. Optics Express, 2010, 18(11): 11904-11910.

[9]　Takei A, Iwase E, Hoshino K, et al. Angle-tunable liquid wedge prism driven by electrowetting[J]. Journal of Microelectromechanical Systems, 2007, 16(16): 1537-1542.

[10]　Song C L, Nguyen N T, Asundi A K, et al. Tunable micro-optofluidic prism based on liquid-core liquid-cladding configuration[J]. Optics Letters, 2010, 35(3): 327-329.

[11]　Yang Y, Liu A Q, Lei L, et al. A tunable 3D optofluidic waveguide dye laser via two centrifugal dean flow streams[J]. Lab on a Chip, 2011, 11(18): 3182-3187.

[12]　Xiong S, Liu A Q, Chin L K, et al. An optofluidic prism tuned by two laminar flows[J]. Lab on a Chip, 2011, 11(11): 1864-1869.

[13]　Liu C, Wang D, Wang Q H. A multidirectional beam steering reflector actuated by hydraulic control[J]. Scientific Reports, 2019, 9(1): 5086.

第9章　其他液体光子器件

在液体光子器件中，除了前几章介绍的液体透镜、液体光开关和液体光偏转器外，还有可用于光谱扫描的液体光学狭缝、可实现调制光程的液体光程调制器、为光流控系统提供动力的液体活塞及可实现光传输转向的液体光波导等[1-12]。这些液体光子器件在如光调制和自适应光学等特定领域具有重要的作用，是对传统固体光子器件很好的补充。本章将介绍液体光学狭缝、液体光程调制器、液体活塞和液体光波导等液体光子器件的结构和原理、制作流程、性能以及应用。

9.1　液体光学狭缝

光学狭缝是一种在隔板间形成缝隙状的光通路光学器件，是光谱仪和高光谱成像系统等光学系统中常用的光学元器件，用来调节入射单色光的光谱分辨率和光谱带宽，狭缝宽度还决定了出射光束的强度。传统的固体光学狭缝具有精度高的特点，但是狭缝宽度的调节很不方便，常常需要机械马达辅助，因此调节速度慢，功耗也较高。液体光学狭缝的出现正好弥补了传统固体光学狭缝的缺陷，由于液体的流动特点，在驱动力下，液体光学狭缝的宽度可以随电压的变化而改变，同时功耗很低。相较于液体透镜和液体棱镜等器件，液体光学狭缝的研究较少。本节将介绍一种代表性的液体光学狭缝[1,2]，它基于电润湿效应，功耗非常低，具有自适应调整狭缝宽度的功能，可以在实际的光学系统中使用，后续诸多电润湿液体光学狭缝设计均是基于此结构的。

9.1.1　液体光学狭缝的结构和原理

液体光学狭缝由染色液体和无色油组成，两种液体密度匹配，如图9.1.1所示。染色液体分为两个部分，分别置于器件的两侧，黏附于侧壁，在器件中间形成"工"字结构。中间部分电极上有一层介电疏水膜层，器件中部的电极不是整块的电极结构，而是密布多个条形的电极。当对器件加电时，染色液体在电润湿效应下向中部移动，并覆盖已经加电的电极。两边的液体在未加电的地方形成狭缝，狭缝宽度由未加电的电极的总宽度决定，形成狭缝的位置则由未加电的电极位置决定。依次关闭单个电极的电压，就可以形成狭缝的扫描。

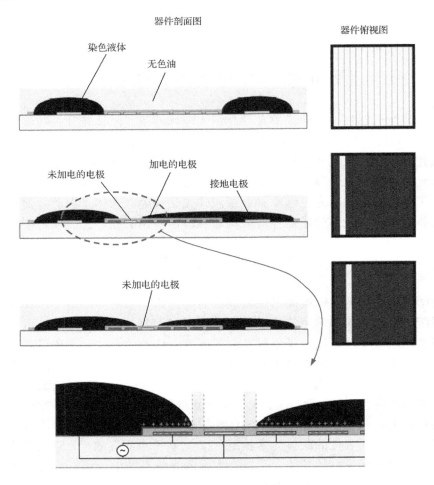

图 9.1.1 　液体光学狭缝的结构和原理

　　电润湿效应仅适合驱动轻小的液体，狭缝开关区域通常在毫米级。本节介绍的狭缝开关的区域为 1.5mm×1.5mm。由于存在斥力效应，无法形成太小的狭缝，电极和间隙的宽度通常设在微米级为宜。例如，本节介绍的液体光学狭缝的电极宽度为 25～80μm，但每个电极之间的间隙宽度固定为 10μm。

9.1.2　液体光学狭缝的制作流程

　　液体光学狭缝的制作基于微纳加工的工艺，下面详细介绍一款液体光学狭缝的制作流程。

　　液体光学狭缝的制作通常包括基底电极制作、介电疏水膜层制作和光刻微结构制作等工艺，如图 9.1.2 所示。通常膜层制备的范围各不相同，如电极膜层厚度为纳米级，介电疏水膜层厚度为微米级，而光刻微结构的膜层厚度在微米级。液体光学狭缝具体制作流程如下。在 500μm 厚的光学玻璃晶圆上溅射 20nm 的 ITO 作为电极；在上下两侧分别镀 100nm 的 Pt 和 50nm 的 Cr 材料的突起；用 18%的盐酸采用湿法腐蚀的方式在 ITO 上做出结构；用气相沉积的方法镀上 5μm 的 Parylene C，再旋涂 1μm 的 Cytop；切割下晶圆后通过光刻工艺制作 1μm 厚的 Ordyl 层进行机械对准；在这个结构上滴入具有 1% Na_2SO_4 浓度的墨汁和硅油；最后用同样 500μm 厚的具有通孔的光学玻璃作为盖板密封住整个器件。器件的实物图如图 9.1.3 所示，其中有效的驱动区域由底板上的 Cr 层决定，有效区域范围为 1.5mm×1.5mm。

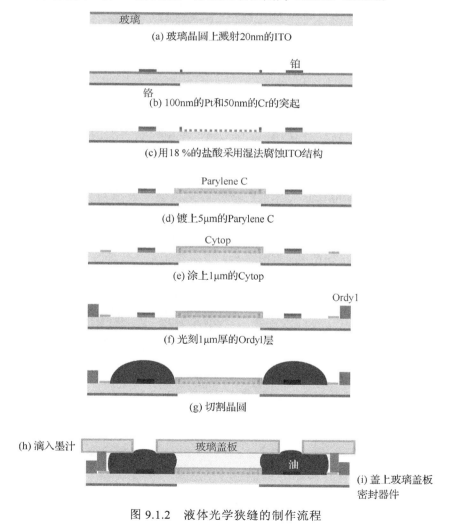

图 9.1.2　液体光学狭缝的制作流程

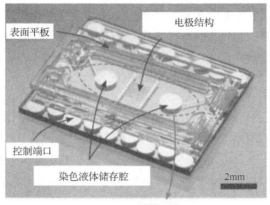

狭缝区域

图 9.1.3　制作的液体光学狭缝的实物图

9.1.3　液体光学狭缝的性能

液体光学狭缝的形成过程如图 9.1.4 所示。在初始状态下,狭缝区域是透明的,没有染色液体。当对器件加电压为 106V、频率为 1kHz 的交流电时,染色液体在电润湿效应下像"海水涨潮"一样向前推进。在 200ms 时,染色液体向前移动占据狭缝区域的 1/2。在 400ms 时,染色液体占据狭缝区域的 4/5。在 700ms 时,达到条形电极区域,并按电极的形状形成"刀锋"一样的边缘,如图 9.1.4(a)所示。撤掉电压后,染色液体在张力作用下像"海水退潮"一样恢复到原来的位置,恢复的时间也为 700ms,如图 9.1.4(b)所示。

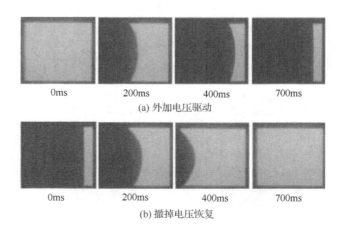

图 9.1.4　液体光学狭缝的形成过程

若要形成狭缝扫描的效果,可对有效区域的电极进行逐级加电,染色液体将在不同的位置形成狭缝，如图 9.1.5 所示。形成第一个狭缝需要 700ms，而在扫描的过程中每个狭缝形成的时间为 120ms。当然，狭缝扫描的时间与液体的黏度及外加电压大小等因素相关，这些参数的改变会影响狭缝的响应时间。

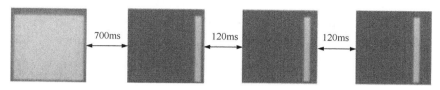

图 9.1.5 　液体光学狭缝的扫描过程

响应时间是液体光学狭缝的重要指标。首先，定义在染色液体从原点位置移动到加电电极边缘位置的过程中从 10% 到 90% 所需时间为关闭时间，反之，染色液体在加电电极边缘位置到原点位置移动的过程中从 90% 到 10% 所需时间为打开时间。该器件的响应时间测试结果如图 9.1.6 所示。可以看出，左边染色液体的关闭时间和打开时间分别是 350ms 和 370ms，而右边染色液体的关闭时间比左边快 25ms，打开时间比左边慢 20ms。造成左右染色液体响应时间不对称的原因主要是左右两边的液体体积并不是精确一致的，体积量的微小差异造成了器件左右染色液体响应时间的差异。

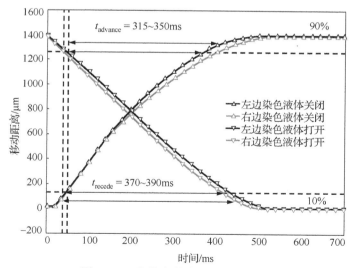

图 9.1.6 　液体光学狭缝的响应时间

液体光学狭缝的宽度可以通过外加电压进行调节，当两个染色液滴在加电的情况下向中间移动时，存在电润湿效应，导致狭缝宽度逐渐变窄，也存在两个染色液滴之间同性电荷的斥力，这两个力共同决定了液体光学狭缝的宽度。液体光学狭缝宽度随外加电压变化的规律如图 9.1.7 所示。当外加电压为 79.3V 时，狭缝宽度变为 50μm；逐渐升高电压，狭缝宽度逐渐变窄。当外加电压超过 100V 时，狭缝宽度变窄至 10μm 以内，继续增大电压狭缝宽度变窄的幅度逐渐变小。当外加电压达到 303V 时，狭缝宽度变到最小，此时狭缝宽度为 3μm。

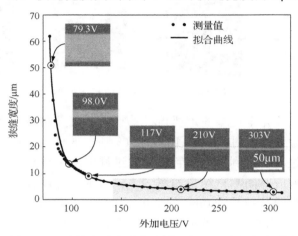

图 9.1.7　液体光学狭缝宽度随外加电压变化的规律

相对于传统的固体光学狭缝，液体光学狭缝具有调节速度快和功耗非常低的特点，且狭缝宽度的调节直接随电压变化，操作极为简便。基于这些优点，相信在不久的将来，液体光学狭缝会得到更广泛的应用。

9.2　液体光程调制器

光程调制在光学工程领域有很重要的作用，例如，在自适应光学领域，需要调制光程以补偿大气扰动带来的像差；空间光调制器通过光程的改变来调制相位信息以产生不同的波前，这在全息光学领域有重要的作用；在成像系统中，光程的改变对调整后工作距有重要的作用。传统的光程调制器有多种，例如，可以通过电压改变液晶的双折射率实现光程的变化，但调制范围极其有限，因为液晶层的厚度往往为微米级；变形镜也是光程调制的一种方式，但是变形镜是反射模式，对于很多透射式的光学系统并不合适。

液体光程调制器[3,4]是近几年新兴的一类光程调制器，基于液体可形变的特点，改变不同折射率液体层的厚度来实现光程调制，其调制范围大于液晶调制范围，同时是一种透射式的光程调制器，在某些领域正好可以弥补传统光程调制器的不足。

9.2.1　液体光程调制器的结构和原理

液体光程调制器主要通过改变两种折射率液体的体积比例实现光程的变化，其结构和原理如图 9.2.1 所示。

液体光程调制器采用对称结构，器件包括光程调制腔和驱动腔。两个腔体通过通道连接在一起形成连通器结构，腔体内上半部分为光学油，下半部分为导电液体，如图 9.2.1(a) 和 (b) 所示。在光程调制腔内，光学油和导电液体中间夹着一层隔离薄板，目的是形成平整的交界面。在初始状态下，光程调制腔的总光程为 $n_1 d_1 + n_2 d_2$，其中 n_1 和 n_2 分别为上下两种液体的折射率 $(n_1 > n_2)$，d_1 和 d_2 分别为上下两种液体的厚度，如图 9.2.1(c) 所示。当对光程调制腔外加电压时，由于电润湿效应，光程调制腔内的导电液体向上移动，带动整个液体顺时针流动，此时光程变小，改变为 $n_1(d_1 - \Delta d) + n_2(d_2 + \Delta d)$；当对驱动腔外加电压时，驱动腔内的导电液体向上移动，带动整个液体逆时针流动，此时光程变大，改变为 $n_1(d_1 + \Delta d) + n_2(d_2 - \Delta d)$。移动量由外加电压决定，因此可以实现连续光程调制，如图 9.2.1(d) 和 (e) 所示的光程调整状态 1 和状态 2。由于电润湿作用，该器件同时可实现图像的聚焦微调，当像面固定时，可以通过微调光程实现快速聚焦。

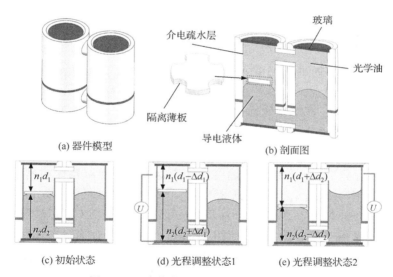

(a) 器件模型　　　　　　　　　　　　(b) 剖面图

(c) 初始状态　　　　(d) 光程调整状态1　　　　(e) 光程调整状态2

图 9.2.1　液体光程调制器的结构和原理

9.2.2　液体光程调制器的制作流程

液体光程调制器由 6 个重要部件组成，如图 9.2.2 所示。该类器件依然不适合特别大的口径，其尺寸通常为毫米级以下。这里以毫米级的液体光程调制器为例介绍该类器件的制作流程。窗口玻璃为高精度抛光的玻璃片，直径为 9mm，材料为肖特玻璃库的 BK7。主体腔体为镀有介电疏水层的铝管，所镀涂层为 3μm 的派瑞林和特氟龙。连接两个腔体的为 PMMA 管，其直径为 3.5mm。绝缘环的材料为尼龙，隔离薄板材料为透明的 PMMA。器件中的两种液体分别为 NaCl 溶液和苯基硅油。NaCl 溶液的折射率为 1.35，密度为 1.09g/cm^3；苯基硅油的折射率为 1.50，密度为 1.09g/cm^3。整个器件尺寸为 12mm（直径）×21.5mm（高度）。

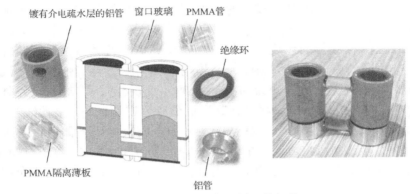

图 9.2.2　　液体光程调制器的部件

9.2.3　液体光程调制器的性能

对液体光程调制器进行加电实验，采用 0～92V 的直流电分别对光程调制腔和驱动腔进行加电测试，实验效果如图 9.2.3 所示。当对驱动腔的外加电压小于 36V 时，液-液界面没有明显的移动。当电压大于 36V 时，光程调制腔的液-液界面逐渐下移。当电压增大到 92V 时，移动量达到最大，液-液界面的移动量为 4mm。继续增大电压，由于电润湿效应的接触角饱和现象，液-液界面不能再移动。同时，对响应时间进行测试，向下移动的速度约为 7.14mm/s。当对光程调制腔加电压时，液-液界面向上移动。当电压增大到 85V 时，移动量达到最大，此时，液-液界面的移动量为 3.5mm，移动的速度约为 7.29mm/s。从图 9.2.3 可以看到，到达最大移动量的电压并不一致，其主要的原因是器件并不完全对称。在光程调制腔中的液-液界面之间加入了隔离薄板，造成初始的接触角小于驱动腔的液-液界面的接触角。因此，当达到饱和状态时，向上的移动量小于向下的移动量。

搭建马赫-曾德尔干涉光路对该液体光程调制器的光程调制范围进行测试，如图 9.2.4 所示。一束经过扩束的激光经过分光棱镜分为两束光，一束经过液体光程调制器，另一束不经过，两束光最后合束在一起产生光学干涉条纹。通过对光学干涉条纹进行提取，采用解相位的方法计算出光程量。

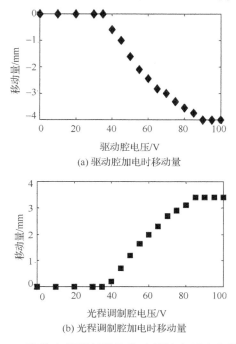

(a) 驱动腔加电时移动量

(b) 光程调制腔加电时移动量

图 9.2.3　液体光程调制器的移动量随电压变化的测量

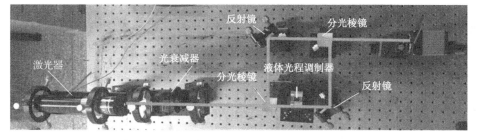

图 9.2.4　液体光程调制器的光程测试系统

　　测试的过程中对液体光程调制器外加电压，并采集干涉条纹进行光程计算。首先对驱动腔进行加电，当电压大于 36V 时，逐渐能看见条纹的改变，如图 9.2.5(a)所示。当电压增大到 92V 时，条纹不再改变。经过相位计算，最大的光程调制量约为 0.62mm，如图 9.2.5(b)所示。对光程调制腔进行加电，当电压增大到 85V时，光程调制量达到最大，约为 0.53mm，如图 9.2.5(c)所示。因此，该器件的最大光程调制量达到 1.15mm。

　　液体光程调制器可以应用于成像系统进行后工作距的调整，图 9.2.6 为这样的一个简单成像系统，该系统由一片玻璃透镜和一个液体光程调制器组成。玻璃透镜为优化好的凸透镜，其材质为 K9，焦距为 30mm，直径为 8mm。玻璃透镜和

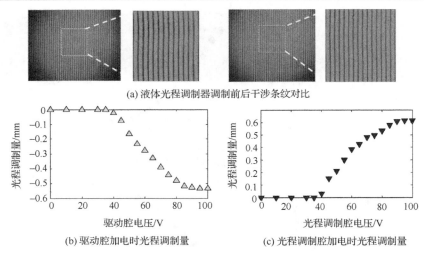

(a) 液体光程调制器调制前后干涉条纹对比

(b) 驱动腔加电时光程调制量

(c) 光程调制腔加电时光程调制量

图 9.2.5　液体光程调制器的光程测试结果

液体光程调制器之间的距离为 8mm，系统的后工作距为 5.5mm。CCD（电荷耦合器件）相机用来采集图像，其分辨率为 2592×1944 像素。在初始状态下，成像是离焦的状态。在 Zemax 仿真中可以看出，弥散斑是弥散的，此时弥散斑的均方根误差（RMS）半径为 137.7μm，如图 9.2.6(a) 所示。当把平面的交界面向前移动 7mm 时，光程得到改变，此时成像变得更加清晰，弥散斑的 RMS 半径为 17.6μm，如图 9.2.6(b) 所示。该模拟效果初步验证了液体光程调制器具有改变光程的作用。为了验证器件的实际成像效果，首先对驱动腔加电 90V，这时系统的光程变长，因此图像是离焦的，如图 9.2.6(c) 所示。当对光程调制腔加电 82V 时，交界面向苯基硅油一侧移动，此时光程变短，图像逐渐变得清晰，如图 9.2.6(d) 所示。这说明，随着交界面的移动，系统的光程发生了改变，相当于移动了成像面的位置，改变了后工作距。这正好证明了液体光程调制器具有改变光程的作用，应用于成像系统后可实现无机械移动下电控改变光程的功能，为光程的调制提供了一种新途径。

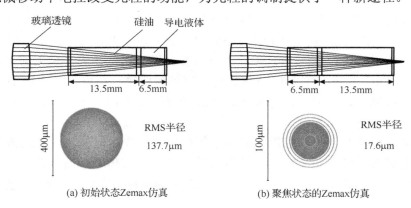

(a) 初始状态Zemax仿真

(b) 聚焦状态的Zemax仿真

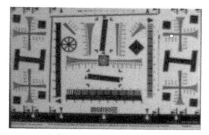

<table>
<tr><td>(c) 驱动腔加电90V时成像效果</td><td>(d) 光程调制腔加电82V时成像效果</td></tr>
</table>

图 9.2.6　液体光程调制器应用于成像系统

9.3　液　体　活　塞

　　活塞是一种提供往复运动的部件,可以提供动力。传统活塞均是机械部件,然而在一些微小的系统,如生物芯片、微成像系统和微机电系统等,活塞需要更加微小,此时机械活塞往往无法满足轻量化的新需求。为此,研究人员开始采用新的材料实现活塞的功能,其中液体活塞就是一种具有潜质的新型活塞。导电液滴在电润湿效应和介电泳等驱动方式下可以实现移动,这种移动能成为一种类似于活塞的新动力。国内外研制的液体活塞具有移动的功能,可以为透镜曲率改变提供动力,也可以为微流移动提供动力。在芯片实验室中,液体或微液滴的运动动力来源一直为研究人员关注的热点。液体活塞[5-7],尤其是具有高性能的液体活塞阵列可以为芯片实验室及光流控微结构中液体的运动提供可调的、充足的动力。本节基于对电润湿效应的液体活塞的介绍,阐述液体活塞的结构和原理、性能及成像效果。

9.3.1　基于电润湿效应的液体活塞的结构和原理

　　液体活塞一般不单独存在,常常作为一种提供动力的部分集成于整体器件中。本节将介绍可驱动液体透镜的电润湿液体活塞。这种基于电润湿效应的液体活塞如图 9.3.1 所示,其由液体活塞腔体和透镜腔体组成,两个腔体由两个管道连接在一起形成封闭的循环流体结构。

　　液体活塞腔体里导电液体被硅油包裹形成两个液-液界面,组成活塞结构;透镜腔体里在孔径处形成单个液-液界面,组成机械润湿液体透镜结构。当对液体活塞腔体的上半部分加电压时,液体活塞腔体的上液-液界面在电润湿效应下发生形变,在电场力的作用下,整个液滴向上移动,形成逆时针方向的流体流动。在这种情况下,由于腔体的体积保持不变,透镜腔体的液-液界面向下凹,形成正透镜效果。同理,当对液体活塞腔体的下半部分加电压时,液体活塞腔体的下液-液界

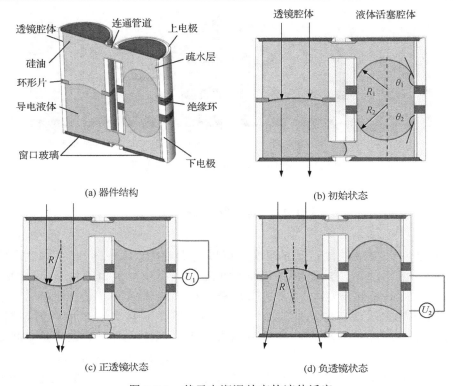

(a) 器件结构　　　　　　　　　　　　　　　(b) 初始状态

(c) 正透镜状态　　　　　　　　　　　　　(d) 负透镜状态

图 9.3.1　基于电润湿效应的液体活塞

面在电润湿效应下发生形变，在电场力的作用下，整个液滴向下移动，形成顺时针方向的流体流动。因此，透镜腔体的液-液界面向上凸起，形成负透镜效果。液体活塞腔体的导电液体在电润湿效应下可以上下移动，对封闭腔体的液体流动提供动力驱动液体透镜。

9.3.2　基于电润湿效应的液体活塞性能

　　液体活塞的实际工作状态可以由图 9.3.2 所示的移动实验看出。为了展示液体活塞的运动细节，采用透明的材质制作了图 9.3.1 所示的结构。

　　液体活塞中的两种液体分别为染色的 NaCl 溶液和苯基硅油，染色的 NaCl 溶液的折射率为 1.35，密度为 1.09g/cm^3；苯基硅油的折射率为 1.50，密度为 1.09g/cm^3。在初始状态下，透镜腔体的液-液界面是平的。当对上电极加电压超过 85V 时，液体活塞开始向上移动。当电压为 100V 时，可以看出液-液界面明显向下凹陷，形成正透镜，此时测量的矢高 H_1 约为 0.8mm。当继续升高电压时，凹面的曲率逐渐变大，最大的矢高可达到 1.4mm。同样，当对下电极加电压时，活塞开始向下移动，液-液界面明显向上凸起，形成负透镜，最大的矢高 H_2 为 1.5mm，

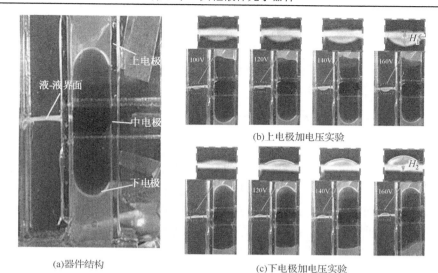

(a)器件结构

(b)上电极加电压实验

(c)下电极加电压实验

图 9.3.2　液体活塞的移动实验

此时的电压是 180V。从该实验效果可以看出，液体活塞确实具有动力作用，产生液体的流动使液-液界面发生改变。

　　液体活塞依然不适合特别大的口径，其尺寸通常为毫米级以下。这里仍以毫米级的液体活塞为例介绍该类器件的制作流程，如图 9.3.3 所示。上/下/中圆柱形管由合金铝制作而成，也可以当作电极使用。上/下圆柱形管内壁镀上 3μm 的派

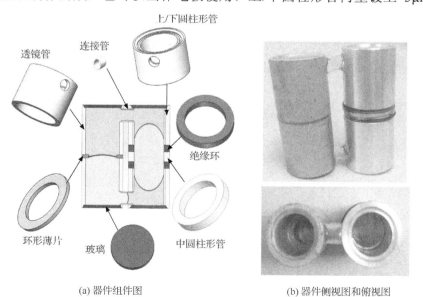

(a) 器件组件图

(b) 器件侧视图和俯视图

图 9.3.3　基于电润湿效应的液体活塞的制作流程

瑞林和特氟龙介质层。透镜管也是由合金铝制作而成的，连接管为 PMMA 材料。绝缘环为尼龙材料，作为机械润湿孔的环形薄片材料为 PTFE（聚四氟乙烯），环形薄片的内孔径为 5mm，厚度为 0.5mm。玻璃的材质为 BK7，直径为 8mm。整个液体活塞腔体的高度为 32mm。

9.3.3　液体活塞驱动的液体透镜的成像效果

为了验证该液体活塞的性能，对该液体活塞驱动的液体透镜的成像效果进行测试。实验中采用在白纸上打印的"SCU"为目标物体，物距为 25mm。将 CCD 相机置于透镜后工作距处采集经过透镜成像后的图像。由于液体活塞可以在两个方向移动，所以可以形成正透镜和负透镜两种模式。当对上电极加电压时，形成的像"SCU"逐渐放大，图 9.3.4(a)是在上电极平板分别施加 100V、120V、140V 和 160V 电压时的成像效果。可以看出，除了实现像的逐渐放大，成像质量也保持得比较高。当对下电极加电压时，形成的像"SCU"逐渐缩小，图 9.3.4(b)为在下电极平板分别施加 100V、120V、140V 和 160V 电压时的成像效果。对比图 9.3.4(a)和(b)可知，该透镜可实现 2.5 倍的放大率。

以上实验证明了液体活塞具有驱动液体透镜的能力并具有良好的成像效果。实际上，液体活塞除了驱动液体透镜之外，还能驱动液体光开关和液体棱镜等。它虽不独立存在，却是驱动其他液体光子器件的动力之一，非常具有应用前景。

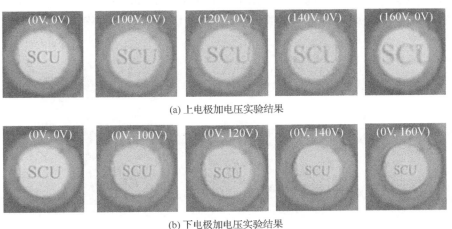

(a) 上电极加电压实验结果

(b) 下电极加电压实验结果

图 9.3.4　基于电润湿效应的液体活塞的成像效果

9.4　液体光波导

光波导是基于全反射原理引导光波在其中传播的光学器件，又称为介质光波导。由于光波导中改变光束传播方向和光束传输轴移位的需要，光波导弯曲是必需的，而光波导弯曲往往会带来损耗。传统的光波导弯头使用各向异性的非均匀性材料，其存在制造复杂、缺乏重配置性及有效介质条件等问题，在实际应用中存在根本困难。然而，液体流动扩散的特点可用于生成梯度折射率轮廓，实现光波导弯曲并克服上述问题。因此，液体光波导具有在片上生物、化学和生物医学测量，以及检测器和可调谐光学系统等领域应用的潜力。本节以一种液体光波导为例，对其结构和原理、制作流程以及性能进行介绍。

9.4.1　液体光波导的结构和原理

液体光波导的结构和原理如图 9.4.1 所示[10]，其扩散通道由两层结构组成，上层具有扇形区域以注入液体，但没有波导通道和输出端，而下层具有波导通道和两个输出端。两层对齐并黏结在一起，并且存在渗透间隙，使液体能从上层流到下层的波导通道进行对流扩散。从两个输入端分别注入折射率不同的两种液体，液体的边界是标准圆形曲线。在光输入时，利用准直透镜将光纤和波导通道连接起来。

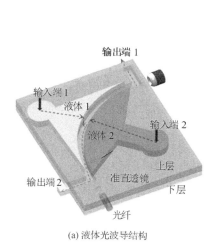

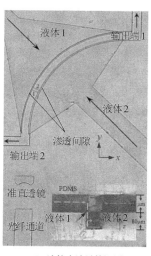

(a) 液体光波导结构　　　　　　　　　　　(b) 液体光波导俯视图

图 9.4.1　液体光波导的结构和原理

当一种液体沿径向向外移动，另一种液体沿径向向内移动时，扩散过程几乎是均匀的。例如，逆流有两个流动方向，即径向（r 或 $-r$ 方向）和切向（θ 方向），θ 方向的扩散水平相同。这种扩散方法受对流扩散方程的控制：

$$\frac{\partial C}{\partial t} = D\nabla^2 C - U\nabla C + R \tag{9.4.1}$$

式中，C 为液体的浓度；t 为时间；D 为液体的扩散系数；U 为液体的流速；R 代表化学物质的作用。在式 (9.4.1) 等号右侧，第一项代表扩散传输过程，第二项代表对流传输过程。

对于稳态流量，溶液浓度不随时间变化，且在两种液体之间没有发生化学反应，这意味着 $\partial C / \partial t = 0$ 和 $R=0$。而混合溶液的折射率依赖其浓度（浓度与折射率平方成正比），因此，当流速趋近于零 $(U \to 0)$ 时，有

$$\nabla^2 (n_c^2) = 0 \tag{9.4.2}$$

由式 (9.4.2) 得到的折射率轮廓与准共形变换光学得到的轮廓类似，表明该扩散方法能够满足准共形变换光学弯曲的要求。

使用矩形中的质量守恒方程，对于液体弯曲，可以将两个正交方向上的质量守恒方程写为

$$U_r \frac{\partial C}{\partial r} = D \frac{\partial^2 C}{\partial r^2} \tag{9.4.3}$$

$$U_\theta \frac{\partial C}{\partial \theta} = D \frac{\partial^2 C}{\partial \theta^2} \tag{9.4.4}$$

式中，$r_1 < r < r_2$（r_1 为内半径，r_2 为外半径），$0 \leqslant \theta \leqslant \pi/2$；$U_r$ 和 U_θ 分别为 r 方向和 θ 方向的平均速度。在 r 方向，由于有两条输入线，必须存在浓度差；在 θ 方向，当 $r=r_1$ 或 $r=r_2$ 时，浓度是明确的。

由式 (9.4.3) 和式 (9.4.4) 得 $\partial C / \partial \theta = 0$；换言之，对于固定的 r，扩散水平是相同的，使用以前的扩散方法难以实现。液体弯曲的尺寸可以通过改变液体之间的折射率差 Δn 来改变。例如，当半径减小时，可以选择具有较高折射率差的材料来实现液体弯曲。

9.4.2　液体光波导的制作流程

液体光波导仅适用于微小器件，其尺寸通常为微米级，下面介绍一款液体光波导的制作流程。液体光波导的两层结构使用标准软光刻工艺制造，精度为 2μm。首先，将一层 SU-8 光刻胶旋涂到硅晶片上。预烘烤后，将母版在玻璃掩模对准器下暴露于紫外光下。经过处理的母版可在表面上产生正性光刻胶的正偏压，并且可用作 PDMS 的模具。然后将 PDMS 预聚物倒在母版上，并在烤箱中以 75℃ 存放 1h。然后，将 PDMS 复制副本从母版上剥离下来，并通过等离子体氧化处理，将上层和下层黏合在一起。所有液体均储存在 100μL 玻璃注射器中，并由注射器泵驱动。液体通过硅胶管从泵输送到设备，并将硅胶管末端的针管插入 PDMS 中预留的注入孔中。光源为 532nm 绿色激光，耦合到数值孔径 (numerical aperture, NA) 为 0.12 的单模光纤中。通过光纤端部和波导通道之间的准直透镜准直地输入到波导通道。

扩散通道由两层结构组成，上层高 75μm，下层高 80μm。通道的内半径和外半径分别为 741μm 和 804μm。两个渗透间隙的宽度为 4μm，主通道宽度为 55μm。两种液体分别为乙二醇（n_{gly}=1.432）和离子水（n_{water}=1.332），通道壁是 PDMS（n_{PDMS}=1.410），整体结构如图 9.4.1(b) 所示。

9.4.3　液体光波导的性能

在液体光波导中，折射率曲线由两种液体之间的扩散程度决定。图 9.4.2(a) 展示了乙二醇流速为 16.84nL/min 时的折射率曲线。图 9.4.2(b) 和 (c) 表明，折射率曲线在 r 方向呈线性关系，在 θ 方向保持不变，这与理想转换光学弯曲所需的折射率曲线很好地匹配。随着乙二醇流速的增大，r 方向上的折射率曲线与所需的折射率曲线有所不同。

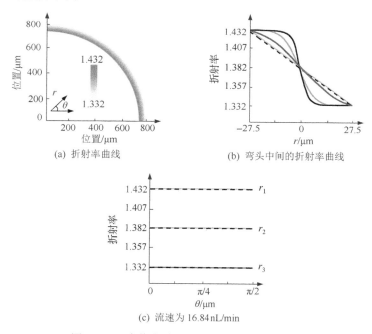

(a) 折射率曲线

(b) 弯头中间的折射率曲线

(c) 流速为 16.84nL/min

图 9.4.2　液体光波导中的折射率曲线分析

图 9.4.3 展示了仿真和实验的效果，图中乙二醇流和水流分别用深色和浅色表示。图 9.4.3(a)、(b) 和 (c) 为流速分别为 449.14nL/min、112.28nL/min 和 16.84nL/min 时折射率曲线的仿真效果。而图 9.4.3(d)、(e) 和 (f) 为流速分别为 449.14nL/min、112.28nL/min 和 16.84nL/min 时折射率曲线的实验效果。对比仿真和实验可以看出，实验结果与仿真结果很好地匹配。同时，随着乙二醇流速减小，液体光波导中间的折射率曲线更接近线性函数，如图 9.4.3(g)～(i) 所示。

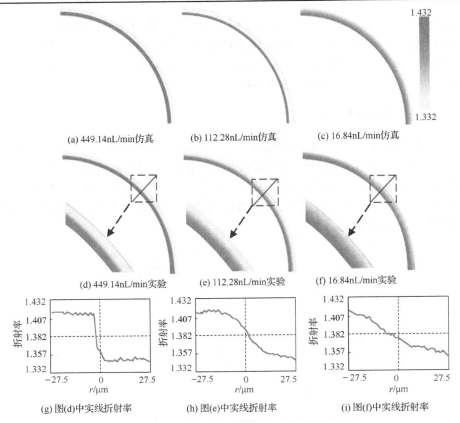

(a) 449.14nL/min仿真　　　(b) 112.28nL/min仿真　　　(c) 16.84nL/min仿真

(d) 449.14nL/min实验　　　(e) 112.28nL/min实验　　　(f) 16.84nL/min实验

(g) 图(d)中实线折射率　　　(h) 图(e)中实线折射率　　　(i) 图(f)中实线折射率

图 9.4.3　液体光波导仿真和实验折射率剖面

　　为了直观地看见液体弯曲的过程，将荧光染料若丹明 B 添加到液体中，并保持两种液体中若丹明 B 的浓度相同。在光路实验中，输入光分布都是相同的，其位置也保持相同，在中间的 z 平面测量光强分布($z=40\mu m$)。图 9.4.4(a) 和(b) 为仿真和实验的液体弯曲过程。可以看出，当乙二醇流速为 16.84nL/min 时 90°液体弯曲性能良好。在图 9.4.4(a) 和(b) 中观察线位置处测试光束的强度，其曲线分别如图 9.4.4(c) 和(d) 所示。可以看出，液体光波导内的光强分布保持良好。

　　180°液体弯曲的所有参数(如主通道宽度、中间半径、通道高度、间隙宽度、液体类型和流速)均与 90°液体弯曲的参数相同，结果如图 9.4.5 所示。同样地，这表明该液体光波导对 180°液体弯曲仍然有效。

　　此外，对光路传播时光强分布进行测试，输入光分布如图 9.4.6(a) 所示。测试的输出光如图 9.4.6(b)、(c) 所示。图 9.4.6(d) 和(g)、(e) 和(h) 及(f) 和(i) 分别显示了 (a)、(b) 和(c) 的光强曲线。这表明，输出光强曲线与高斯函数很好地匹配，这进一步证明了液体光波导的良好性能。

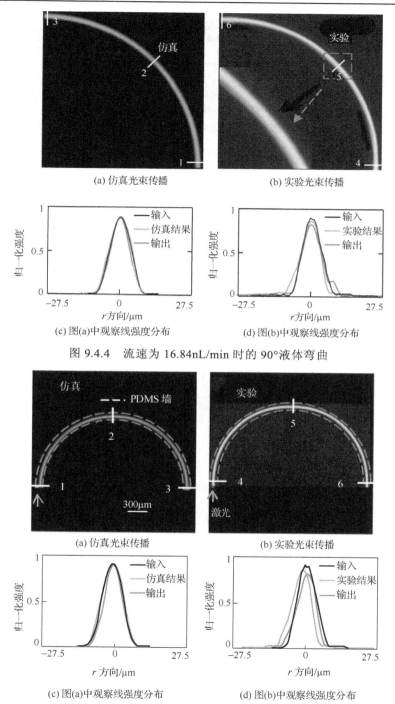

(a) 仿真光束传播

(b) 实验光束传播

(c) 图(a)中观察线强度分布

(d) 图(b)中观察线强度分布

图 9.4.4　流速为 16.84nL/min 时的 90°液体弯曲

(a) 仿真光束传播

(b) 实验光束传播

(c) 图(a)中观察线强度分布

(d) 图(b)中观察线强度分布

图 9.4.5　流速为 16.84nL/min 时的 180°液体弯曲

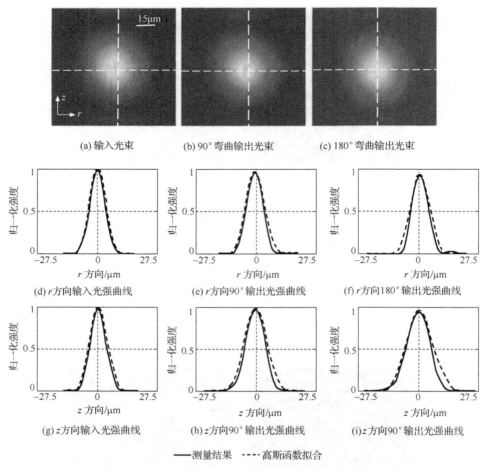

(a) 输入光束　　　　　(b) 90°弯曲输出光束　　　　　(c) 180°弯曲输出光束

(d) r 方向输入光强曲线　　　(e) r 方向 90°输出光强曲线　　　(f) r 方向 180°输出光强曲线

(g) z 方向输入光强曲线　　　(h) z 方向 90°输出光强曲线　　　(i) z 方向 90°输出光强曲线

—— 测量结果　　---- 高斯函数拟合

图 9.4.6　液体光波导的光束剖面

参 考 文 献

[1]　Schuhladen S, Banerjee K, Stürmer M, et al. Variable optofluidic slit aperture[J]. Light: Science & Applications, 2016, 5(11): e16005.

[2]　Li L, Liu C, Wang M H, et al. Adjustable optical slit based on electrowetting[J]. IEEE Photonics Technology Letters, 2013, 25(24): 2423-2426.

[3]　Wang Q H, Xiao L, Liu C, et al. Optofluidic variable optical path modulator[J]. Scientific Reports, 2019, 9(1): 1-7.

[4]　Li L, Yuan R Y, Luo L, et al. Optofluidic zoom system using liquid optical path switchers[J]. IEEE Photonics Technology Letters, 2018, 30(10): 883-886.

[5]　Li L Y, Yuan R Y, Wang J H, et al. Optofluidic lens based on electrowetting liquid piston[J].

Scientific Reports, 2019, 9: 13062.

[6] Ren H W, Xu S, Wu S T. Liquid crystal pump[J]. Lab on a Chip, 2013, 13(1): 100-105.

[7] Xu S, Ren H W, Wu S T. Adaptive liquid lens actuated by liquid crystal pistons[J]. Optics Express, 2012, 20(27): 28518-28523.

[8] Xu S, Ren H W, Wu S T. Dielectrophoretically tunable optofluidic devices[J]. Journal of Physics D: Applied Physics, 2013, 46(48): 483001.

[9] Zagolla V, Tremblay E, Moser C. Light induced fluidic waveguide coupling[J]. Optics Express, 2012, 20(23): A924-A931.

[10] Liu H L, Zhu X Q, Liang L, et al. Tunable transformation optical waveguide bends in liquid[J]. Optica, 2017, 4(8): 839-846.

[11] Chang J H, Jung K D, Lee E, et al. Variable aperture controlled by microelectrofluidic iris[J]. Optics Letters, 2013, 38(15): 2919-2922.

[12] Ahn K, Kerbage C, Hunt T P, et al. Dielectrophoretic manipulation of drops for high-speed microfluidic sorting devices[J]. Applied Physics Letters, 2006, 88(2): 024104.

第 10 章　液体光子器件的应用

液体光子器件[1-21]具有轻量化、自适应和低功耗等优点，已经成为现代光学系统中重要的一种光子器件，在成像、显示和生物等领域有着重要的应用。其中，部分器件已经实现产业化，体现出优于传统器件的特点。在成像方面，目前以液体透镜为代表的器件已经可以像传统的固体透镜一样实现光学变焦和像差的校正，本章将以基于液体透镜的显微镜和望远镜为例介绍液体光子器件在成像领域的应用；在显示方面，电润湿显示已经成为一种重要的显示技术，极具商业前景，本章将对电润湿显示技术进行分析。此外，液体光子器件在生物领域也有重要的应用，如芯片实验室，它可对液滴进行操作实现生化分析等功能，同时排污很少，也是一种"绿色"技术，备受关注，本章也将介绍液体光子器件在芯片实验室中的应用。

10.1　连续光学变焦显微镜

人类能够接收和处理的信息中约有80%为视觉信息，因此高性能的新型光学系统对探索自然、科学研究以及工业生产等具有重要的意义。传统的光学成像系统，如显微镜、望远镜和照相机等，都是基于如光学玻璃、光学塑料、光学晶体等固体材料的光学器件组成的，虽然固体光学器件具有良好的光电特性，但是固体的不可变特性使得光学器件自身不具备自适应特性。因此，传统光学成像设备的自适应性必须由辅助的系统如机械移动系统等来实现，其体积和重量也就大幅度增加。

庆幸的是，从21世纪初开始兴起的自适应液体透镜具有轻量化、自适应变焦和驱动方式多样化等优点，正好弥补了传统固体透镜的固有缺点，迅速在光学系统中得到应用，出现了基于液体光子器件的显微镜、望远镜和照相机，尤其是显微镜以其口径小的特点更适合采用液体光子器件。基于液体透镜的显微镜具有连续光学变焦的特点[7]，图 10.1.1 就是一台最早报道的基于液体透镜的连续光学变焦显微镜及其成像效果。相较传统的显微镜，该显微镜不需要转动倍率镜头，避免了转动中对样本的抖动，同时，液体透镜的自适应变焦响应速度快(约50ms)，成像质量好，极具商业化潜质。

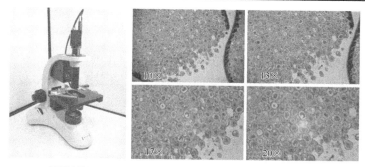

(a) 显微镜样机　　　　　　　(b) 显微镜成像效果

图 10.1.1　基于液体透镜的连续光学变焦显微镜及其成像效果

10.1.1　显微物镜

1. 显微物镜的结构

　　显微镜中决定其数值孔径、分辨率、放大率和成像质量等重要指标的是显微物镜。传统的显微物镜由多个玻璃镜片经过光学设计和优化组成，由于玻璃透镜不具有曲率和厚度等参数的可变性，所以传统的玻璃显微物镜只有固定的放大倍率，且不具有连续光学变焦的特点。基于液体透镜的显微物镜与传统的显微物镜最大的不同在于将玻璃透镜变为了液体透镜。

　　一种基于液体透镜的显微物镜由 3 个液体透镜和 2 个玻璃透镜构成，如图 10.1.2(a)所示。3 个液体透镜可在不同电压下改变曲率半径，在显微物镜中充当变焦组，不但可以改变显微物镜的焦距(放大率)，还可以校正像差，保证在变焦过程中其成像质量不退化。玻璃透镜 1 和 2 在显微物镜中承担部分光焦度，因为液体透镜的光焦度有限，所以提供更多材料组合有助于显微物镜消除色差。液体透镜的结构如图 10.1.2(b)所示，由导电液体和光学油形成液-液界面，在电润湿效应下可改变液-液界面曲率，从而实现光学变焦。

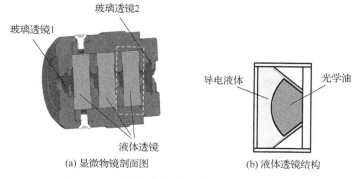

(a) 显微物镜剖面图　　　　　　(b) 液体透镜结构

图 10.1.2　基于液体透镜的显微物镜的结构

2. 显微物镜的设计

显微物镜可以简化为如图 10.1.3 所示的结构，并以此进行光学分析。显微物镜的焦距可通过改变三个液体透镜的曲率 r_1、r_2、r_3 进行变焦和校正像差。该显微物镜的焦距可由以下公式表示：

$$\frac{1}{f} = \phi = \phi_1 + \phi_2 + \phi_3 - d_1\phi_1\phi_2 - d_1\phi_1\phi_3 - d_2\phi_1\phi_3 - d_2\phi_2\phi_3 + d_1d_2\phi_1\phi_2\phi_3 \tag{10.1.1}$$

$$\phi_1 = \frac{n_1 - n_2}{r_1} \tag{10.1.2}$$

$$\phi_2 = \frac{n_1 - n_2}{r_2} \tag{10.1.3}$$

$$\phi_3 = \frac{n_1 - n_2}{r_3} \tag{10.1.4}$$

式中，n_1 为液体透镜的光学油的折射率；n_2 为液体透镜的导电液体的折射率；f 为显微物镜的焦距；ϕ 为光焦度；d_1 为液体透镜 1 和液体透镜 2 的距离；d_2 为液体透镜 2 和液体透镜 3 的距离。

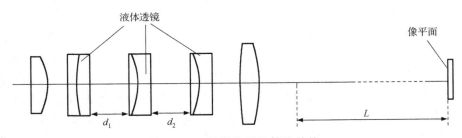

图 10.1.3　显微物镜的简化结构

变焦系统需要在改变焦距的同时保持后工作距 L 不变，这样至少需要两个液体透镜，如果还需要校正像差，则至少需要 3 个及以上的液体透镜。液体透镜越多，变焦和校正像差的能力就越强，但是系统的长度也会随之增长，因此在使用液体透镜时，需要根据具体的设计光学指标和机械限制要求去选择所需使用的液体透镜数量。在校正像差时，以 (r_1, r_2, r_3) 为变量设置指标需求的评价函数进行优化。具体的优化设计可以采用 Zemax 和 CODE V 等专业光学设计软件进行。

10.1.2　显微物镜的制作和性能

显微物镜的制作包含了光学元件加工和机械工装元件加工。在光学元件方面，液体透镜采用电润湿液体透镜，液体透镜的有效口径为 4mm，液体材料为光学油和导电液体，玻璃透镜可采用 K9 和 CAF$_2$ 材料进行加工。机械工装元件的加工可采用硬铝材料，其具有轻质和坚固的特点，硬铝的表面进行氧化染黑有助于吸收显微物镜系统的杂散光。所用材料的阿贝数和折射率如表 10.1.1 所示。制作好的基于液体透镜的显微物镜如图 10.1.4 所示。

表 10.1.1　所用材料的阿贝数和折射率

液体材料	温度/℃	阿贝数	折射率
光学油	20	58.13	1.388
导电液体	20	34.63	1.500
K9	20	64.06	1.516
CAF$_2$	20	94.99	1.433

(a) 器件样品

(b) 器件顶部　　　　(c) 器件底部

图 10.1.4　基于液体透镜的显微物镜

该显微物镜的焦距变化范围为 12～19mm，能实现 7.8～13.2 倍的连续光学变焦，数值孔径变化范围为 0.103～0.163。在这个变焦范围内可实现对各种像差的校正。以 λ=486nm 为例，图 10.1.5 展示了在焦距为 12～19mm 变化范围内显微物镜的 MTF 值。从图 10.1.5 可以看出，在焦距变化范围内，不同视场下的 MTF 曲线几乎接近衍射极限值，这说明在焦距变化的过程中，3 个曲率的改变同时实现了像差的校正，在理论上可以实现较高成像质量。

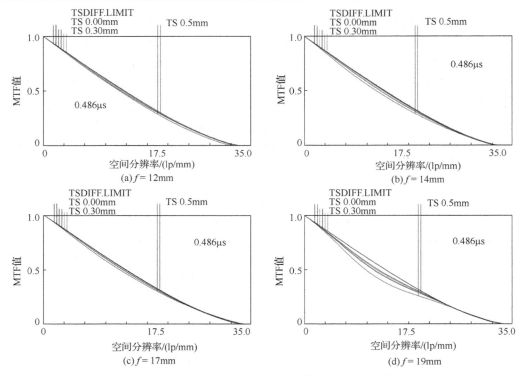

图 10.1.5 在焦距变化范围内显微物镜的 MTF 值

10.1.3 连续光学变焦显微镜及其成像效果

　　基于上述显微物镜，再配置镜筒、CMOS 相机、照明灯和镜架等部件就形成了连续光学变焦显微镜样机，如图 10.1.6 所示，配上目镜或者显示屏，该显微镜就可使用。由于没有目镜，该显微镜的变化倍率等参数等同于显微物镜的参数。为了测试显微镜的成像质量，采用分辨率板进行光学成像，将分辨率板置于显微镜下进行观测，为了检验连续变焦的性能，对分辨率板中编号为"23"的靶进行成像，如图 10.1.7 所示。当改变 3 个液体透镜的驱动电压时，"23"号靶实现了连续的光学放大。在光学变焦过程中，可以看出"23"号靶的成像质量很高，这说明在光学变焦的过程中，该显微镜也实现了校正像差的功能。对比最小和最大的"23"号靶面，可以测出放大倍率约为 1.31。

　　将连续光学变焦显微镜与传统的显微镜进行成像质量对比，为了保持可比性，均选择放大倍率为 10。为了排除光源对成像质量的影响，选择观测具有自发光的手机的像素，其实物图和显示效果如图 10.1.8 所示。图 10.1.8（a）和（b）分别为该显微物镜和传统同倍率显微物镜的实物图。图 10.1.8（c）和（d）分别为该显微镜和传统显微镜的成像效果。对比两图可以看出，两种显微镜均具有良好的成像质量，但是，对比细节部分可知，该显微镜的成像效果比传统显微镜的成像效果更加清晰。其原因在于，传统显微镜由于加工和工装的误差难免出现成像质量的退化，达不到理论设计的效果。对于连续光学变焦显微镜，其加工和工装的误差可以通过修正液体透镜的曲率值进行补偿。因此，在一定的加工和工装误差范围内，可以实现几乎和理论设计值一样的成像质量，这也是基于液体光子器件的显微镜相对于传统显微镜具有的绝对优势。

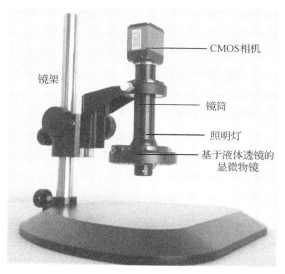

图 10.1.6　连续光学变焦显微镜样机

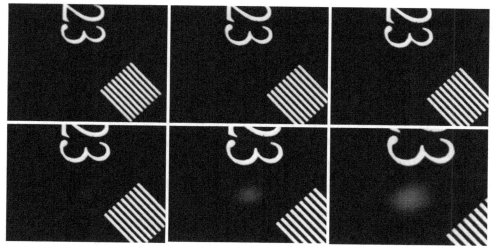

图 10.1.7　连续光学变焦显微镜的成像效果

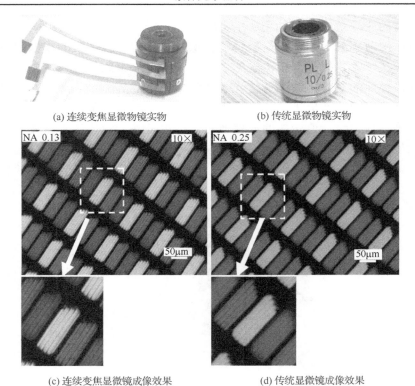

(a) 连续变焦显微物镜实物　　　　　　(b) 传统显微物镜实物

(c) 连续变焦显微镜成像效果　　　　　(d) 传统显微镜成像效果

图 10.1.8　连续变焦显微镜与传统显微镜的成像质量对比

连续光学变焦显微镜是液体光子器件在显微成像领域的典型应用，它可以实现传统显微镜所不能实现的连续光学变焦功能，并且具有快速响应的特点。这将拓展显微镜的新功能，可解决显微镜在活体标本观测时变焦切换速度慢和机械抖动等问题。

10.2　超薄变焦望远镜

望远镜是一种重要的光学仪器，应用非常广泛。然而，传统望远镜通常很长且不够轻薄，不便于携带。此外，传统望远镜的变焦速度较慢，特别不满足对运动目标快速响应的需求。基于液体透镜的望远镜可避免传统机械移动部件的使用，具有轻量化的特点。本节将介绍超薄变焦望远镜[8-10]的结构和原理、制作流程及成像效果。

10.2.1　超薄变焦望远镜的结构和原理

图 10.2.1 为一种基于液体透镜的超薄变焦望远镜的结构。该超薄变焦望远镜由一个超薄折叠透镜和三个液体透镜组成，如图 10.2.1(b)和(c)所示。超薄折叠

透镜为透反射结合式透镜，光路在透镜内折叠，并通过环带反射面获得光焦度。因此，经过超薄折叠透镜后不仅获得了光焦度，同时光路也得到了大大的压缩。三个液体透镜为电润湿液体透镜，起变焦组件的作用。变焦组件通过三个液-界面曲率的改变实现焦距的变化，同时校正像差。这样，望远镜的总长度得到了很大压缩，也可实现无机械移动的连续光学变焦。

(a) 超薄变焦望远镜的结构

(b) 超薄折叠透镜

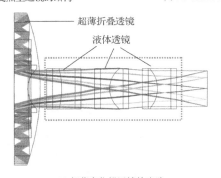

(c) 超薄变焦望远镜的光路

图 10.2.1　基于液体透镜的超薄变焦望远镜的结构

10.2.2　超薄变焦望远镜的制作流程

超薄变焦望远镜的制作包含了光学元件加工和机械工装元件加工。在光学元件方面，液体透镜采用电润湿液体透镜，液体透镜的有效口径为 4mm，液体材料为光学油和导电液体。超薄折叠透镜采用 CAF$_2$ 进行加工，其参数如表 10.1.1 所示。所用材料的折射率和阿贝数如表 10.1.1 所示。采用单点金刚石车削的方式制作 4 个非球面环带，面形精度为波长级。加工好的超薄折叠透镜基底如图 10.2.2(a) 所示。制备好基底之后，对非球面环带进行镀膜加工。制备反射膜为银膜，反射率大于 92%。镀膜后的超薄折叠透镜如图 10.2.2(b) 所示。制备的超薄折叠透镜的口径为 15mm，如图 10.2.2(c) 所示。机械工装元件的加工采用硬铝材料，具有轻质和坚固的特点，硬铝的表面进行氧化染黑有助于吸收杂散光。制作完成的超薄变焦望远镜如图 10.2.2(d) 和 (e) 所示。

使用平行光管来测试超薄变焦望远镜的分辨率。测试系统由光源、光谱滤波片、分辨率靶、平行光管和 CMOS 传感器相机组成，如图 10.2.3(a) 所示。光源是白光，当

(a) 超薄折叠透镜基底

(b) 超薄折叠透镜镀膜成型

(c) 超薄折叠透镜尺寸

(d) 超薄变焦望远镜侧面

(e) 超薄变焦望远镜正面

图 10.2.2　超薄变焦望远镜的制作

(a) 测试系统

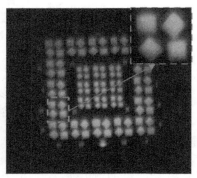
(b) 焦距为65mm时的分辨率

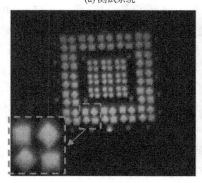
(c) 焦距为57mm时的分辨率

(d) 焦距为48mm时的分辨率

图 10.2.3　超薄变焦望远镜的分辨率测试结果

光通过光谱滤光片时，剩余波长(λ)约为 550nm。光线进入平行光管。准直的光线进入超薄变焦望远镜，通过 CMOS 传感器相机进行成像。平行光管的焦距为 500mm，孔径为 80mm。CMOS 传感器型号为 MT9P006，对角线尺寸约为 7.18mm，最大分辨率为 2592×1944 像素，像素尺寸为 2.2μm×2.2μm，采用 1280×960 模式，其测试结果如图 10.2.3 所示。

图 10.2.3(b)中超薄变焦望远镜的焦距约为 65mm，可以识别出 14 号分辨率靶的条纹。物空间对应的线宽约为 37.8μm，像空间对应的线对约为 102cycles/mm。当焦距改变为 57mm 时，该望远镜也可清晰地捕捉到相对较小的图像，如图 10.2.3(c)所示。图中能识别出的最小的目标靶是 12 号，其物空间的对应线宽为 42.4μm，像空间的对应线宽为 103cycles/mm。当进一步改变焦距为 48mm 时，图像变小，如图 10.2.3(d)所示。能识别的最小目标靶变成了 9 号，其物空间的对应线宽约为 50.4μm，像空间的对应线宽约为 103cycles/mm。实验结果表明，三种焦距下图像空间分辨率最大的线对几乎相同(约 103cycles/mm)，说明该望远镜具有良好的成像性能。

10.2.3　超薄变焦望远镜的成像效果

图 10.2.4 为超薄变焦望远镜的连续变焦成像效果。对比传统具有相同焦距的望远镜，该望远镜的长度仅为传统望远镜的 1/3。可实现 1.31× 的变焦比，焦距变化范围为 48~65mm。在成像的过程中可以看出视场明显变大，实现了焦距的变化。而在变焦的过程中成像质量均比较好，这说明该望远镜在变焦的过程中实时校正了像差。变焦通过电压进行控制，变焦的响应时间约为 50ms。

对于目前的变焦望远镜，液体光子器件特别是液体透镜已经可以直接应用并显现出优于传统望远镜的特性。但是，目前液体光子器件尺寸做大之后性能急剧下降。因此，目前能直接应用于变焦望远镜的仍然只是小口径(小于 10mm)的器件。然而对于望远镜，口径决定了其分辨率，因此大口径的望远镜至关重要。而目前液体光子器件对此无能为力，需要新的关键技术实现突破。

(a) 超薄变焦望远镜外观及尺寸

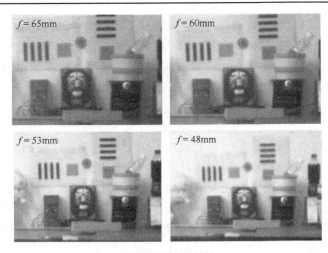

(b) 变焦成像实验效果

图 10.2.4　超薄变焦望远镜的连续变焦成像效果

10.3　电润湿显示器

现代社会中人们越来越依赖通过显示终端来获取信息，人均每天约有 4h 都在观看显示终端。显示产业也是信息领域的支柱产业之一，显示技术作为重要的信息技术，正朝着具有高分辨率、柔性、轻薄、低功耗和视觉健康等方向发展。电润湿显示就是一种新型显示方式，基于电润湿原理实现像素对光的开关，从而呈现图像。电润湿显示是一种反射式显示，相比于电子墨水显示，其响应时间和对比度等性能均更好，其功耗也非常低。目前，已经研发出电润湿显示器产品，并在不断发展中，具有很好的应用前景。本节将详细介绍电润湿显示器[12,13]的结构和原理、光电特性及显示效果。

10.3.1　电润湿显示器的结构和原理

电润湿显示器的像素结构类似于一个光开关，其结构和原理如图 10.3.1(a) 所示。电润湿显示器的一个像素单元由导电液体、染色光学油、介电层、疏水层和透明电极等组成。染色光学油覆盖在介电层和疏水层上面，导电液体覆盖在染色光学油上面。在初始状态下，染色光学油完全覆盖住整个像素范围使整个像素单元处于光关状态。在对像素单元电极加电压之后，由于电润湿效应，导电液体会在电场力的作用下靠近介电层和疏水层，进而"挤占"了原来染色光学油覆盖的地方。这时，没有染色光学油覆盖的地方光路就被打开，而染色光学油则"蜷缩"为一个小液滴。虽然像素区域由于"蜷缩"的小液滴有部分的遮挡，但是整个像素单元显示出光开状态。通过设计控制每个像素单元的光开和光关，便形成了图像显示。图 10.3.1(b) 为该电润湿显示器的结构，包括玻璃平板、边框、导电液体、染色光学油、玻璃平板、电极层、绝缘层和像素单元间隔。

电润湿显示器可通过标准液体光子器件的制作工艺制作完成。一个典型的显示器的像素单元大小为 500μm，基底上镀上白色聚合物衬底，其上溅射一层 15nm 厚的透明导电膜层(ITO)。电极之上镀一层 0.8μm 的介电疏水层。黑色或者透明的聚合物薄板可以用来制作像素单元侧壁框架，聚合物薄板的厚度选择 50μm 左右为宜。聚合物薄板可以通过激光雕刻技术制作侧壁框架。将制作好的基底和侧壁框架黏接在一起，再注入染色光学油和导电液体。光学油被洋红染色，染色光学油薄膜的厚度为 15μm。最后，用上平板密封后形成电润湿显示器。

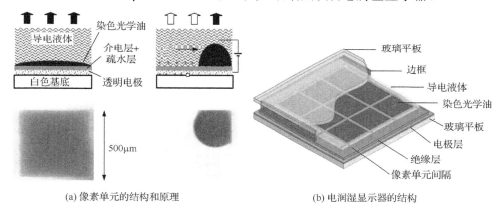

(a) 像素单元的结构和原理　　　　　　　　　　(b) 电润湿显示器的结构

图 10.3.1　电润湿显示器的结构和原理

10.3.2　电润湿显示器的光电特性

下面以图 10.3.1 所示的电润湿显示器为例，介绍电润湿显示器的光电特性。在测试中，采用垂直的方式对电润湿显示器进行照明。当电压从 0V 到 25V 逐步变化时，总体上反射率随之提升，如图 10.3.2 所示。在电压从 0V 到 5V 时，其变化不是很明显，这主要是因为电润湿显示器有一个阈值电压，当电压低于阈值电压时，电润湿效应发生得不是很明显，液滴几乎不会动；而当电压高于阈值电压时，液体会有明显的移动，因此反射率变化比较大。当电压超过 20V 时，白色基底上的染色光学油薄膜收缩比超过 70%，这时反射率也上升到 35%。继续升高电压，染色光学油薄膜继续收缩，超过 90% 的白色基底被光照射到，反射率继续上升。在该显示器的驱动电压范围内，对比度可达到 15。这种电润湿显示器的光电特性也可以与介电泳显示器(反射率：约 40%，对比度：约 11)和纸质显示(反射率：约 60%，对比度：约 15)的光电特性比肩。该显示器的响应时间与像素单元大小有紧密的关系。通常，像素单元越大，响应时间越长。250μm×250μm 的电润湿显示器像素的响应时间测试结果如图 10.3.3 所示。像素开和关的响应时间分别约为 12ms 和 13ms。像素的开关主要是由于电压驱动，所以开关的响应时间依赖毛细力和表面张力作用下恢复成油膜的时间。

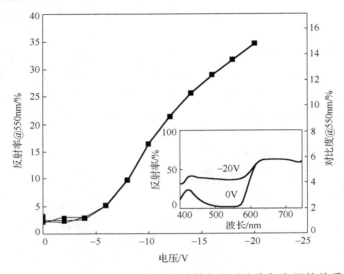

图 10.3.2　电润湿显示器像素的反射率和对比度与电压的关系

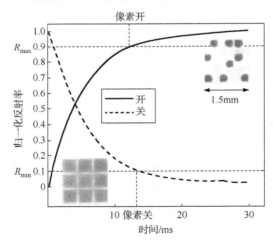

图 10.3.3　电润湿显示器像素的响应时间

10.3.3　电润湿显示器的显示效果

下面以图 10.3.1 所示的电润湿显示器为例，简述电润湿显示器的显示效果，如图 10.3.4 所示。首先将导电液体和染色油充入电润湿显示器像素单元中，如

图 10.3.4(a)所示。当相关液体充满时，施加 40V 电压测试显示效果，如图 10.3.4(b)所示。然后选择不同模式驱动电极阵列，不同模式下的电润湿显示效果如图 10.3.4(c)所示。从图 10.3.4 可知，在不同驱动电压和不同显示模式下，电润湿显示效果良好，且具有较好的对比度。

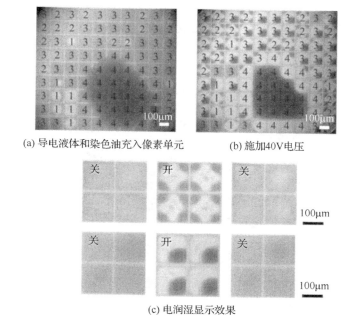

(a) 导电液体和染色油充入像素单元　　　　(b) 施加40V电压

(c) 电润湿显示效果

图 10.3.4　电润湿显示器的显示效果

　　电润湿显示器是一种轻薄、低功耗和视觉健康的新型显示器，也是液体光子器件在显示领域的重要应用。该显示器具有的特点使它成为一种有别于其他电子显示器的新型显示器。随着科技的进步，电润湿显示器也在不断完善，其对比度、响应时间和反射率等性能均有所提高，相信不久的将来，这种显示器会逐渐进入千家万户。

10.4　芯片实验室

　　芯片实验室是指把生物和化学等领域中所涉及的样品制备、生物与化学反应和分离检测等基本操作单位集成或基本集成于一块几平方厘米的芯片上，用以完成不同的生物或化学反应过程，并对其产物进行分析的一种技术。芯片实验室技术结合了分析化学、微机电加工(MEMS)、计算机、电子学、材料科学与生物学、医学和工程学等来实现化学分析检测。它可以使珍贵的生物样品和试剂消耗降低到微升甚至纳升级，而且分析速度成倍提高，成本大幅下降。同时，芯片实验室由于排污很少，也是一种"绿色"技术。目前，光流控生物芯片实验室逐渐成为一个重要的研究方向。

　　液体光子器件在芯片实验室方面的应用有天然的优势，包括基于电润湿效应、介电泳效应的液体光子器件均具有对液体的移动、合并和分开等功能。因此，液体光子器件在芯片实验室[14]的应用也比较广泛，如图 10.4.1 所示。本节将以光流控生物芯片实验室为例介绍基于液体光子器件的芯片实验室的结构、制作流程和实验效果。

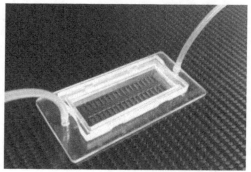

图 10.4.1　芯片实验室的实物外观

10.4.1　芯片实验室的结构

　　在光流控生物芯片实验室中，要进行生物与化学反应，必须对液滴进行运输、分选、定位和融合等操作。下面以分选为例介绍芯片实验室的工作原理。液滴的分选是一项液滴操控的重要技术，能有选择性地将某一个或者某一类液滴从众多的液滴中挑选出来。分选液滴的驱动力有很多种，如电润湿、介电泳、微阀和光热效应等。以介电泳为例，当某个液滴和周围的介电性质不同时，在加电压时，液滴所受的力是不一样的。在介电力的作用下，不同的液滴将会有不同的流向，因此可根据这种不同的流向特性设计通道对液滴进行分选。

图 10.4.2 为液滴分选的芯片实验室结构。通过流体动力学原理，待分选液体在油中形成水滴，其中两股油和一股水汇聚在装置的输入端，如图 10.4.2(a)所示。水滴顺流而下流向一个 Y 形交叉点。在没有电场的情况下，所有液滴都会流入较短的废液通道，因此比第二个收集通道提供更低的流体阻力。当给分类区域通道下面加电压时，介电力将液滴拉入收集流中。电极位于靠近通道中心的尖端或边缘，最大限度地增大施加在液滴上的力。以有限元模拟来估计实际设备几何结构中水滴上的介电疏力，可以看出电极的锐边产生最大的电场梯度和力。当液滴通过 Y 形交叉点时，会变形并破裂，每个子液滴都会流入一个单独的出口通道。通过这种方式，芯片实验室可实现液滴分选的功能。

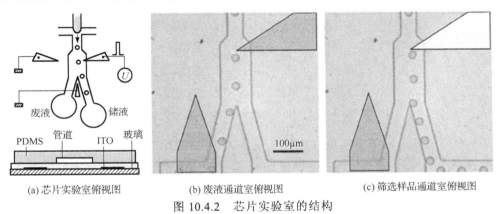

(a) 芯片实验室俯视图　　　　(b) 废液通道室俯视图　　　　(c) 筛选样品通道室俯视图

图 10.4.2　芯片实验室的结构

10.4.2　芯片实验室的制作流程

光流控生物芯片实验室采用标准的软光刻方法制作，具体流程如下。首先，在硅片上用紫外光刻法制作出 25μm 厚的负阻光刻沟道图形。然后，将重量比为 5∶1 的 PDMS 弹性体和交联剂的混合物模压在通道上，并在部分固化后剥离。接着，另一质量比为 20∶1 的混合物以 3000r/min 的速度进行旋涂工艺制作，并在玻璃平板上制备 30μm 的膜层，玻璃平板上已刻有 ITO 电极图案。最后，将 PDMS 模具与涂有 PDMS 的 ITO 导电玻璃平板黏合，并完全固化以加强两层之间的黏合，完成芯片实验室的制作。

10.4.3　芯片实验室的实验效果

对于直径为 25μm 的液滴，实验中使用振幅为 700V、频率为 10kHz、持续时间为 500μs 的方形交流脉冲，这使光流控生物芯片实验室能够以 1.6kHz 的频率将单个液滴从连续流分类到收集通道，如图 10.4.3 所示。从图中可以看出，在介电力的作用下箭头符号所指的待分选的液滴先随着流体往下流动，当到达 Y 形分叉点时，由于电场的存在，待分选的液滴受到介电力作用而改变了轨迹，进入右边的收集通道被收集起来。

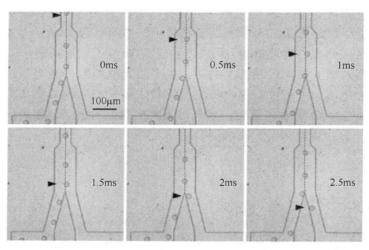

图 10.4.3　芯片实验室的液滴分选实验效果

此外，通过降低液滴间距 d 可以提高分选速度。在每个输出通道中使用具有相等流体电阻的对称 Y 形结构，显著降低 d。但是，该器件需要两个以上的电极来改变电场梯度相对于流体的方向。例如，当三个电极呈三角形排列时，选择其中一个电极作为阴极，而另两个电极接地，每个边缘可以是最高的电场区域。图 10.4.4 为双向液滴操作装置，有两个长度和流体阻力相同的输出通道，三个电极对准中间通道。在没有电场的情况下，液滴均匀地分布在两个通道中，如图 10.4.4(a)所示。然而，在将电场应用于适当的电极时，液滴可被引导至两个通道中的任一个。例如，当对左电极加电压时，液滴流被引入左边的通道，如图 10.4.4(b)所示。当对右电

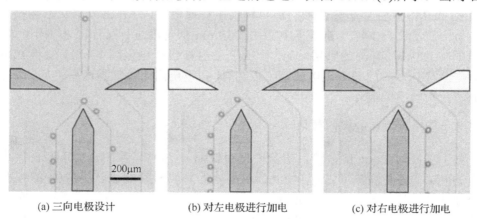

(a)三向电极设计　　　　　　(b)对左电极进行加电　　　　　　(c)对右电极进行加电

图 10.4.4　液滴双向操作实验

极加电压时，液滴流被引入右边的通道，如图 10.4.4(c)所示。实验说明，可以通过优化电极等参数提高该器件的分拣率。

总之，芯片实验室可以对液滴进行操作实现样品制备、生物与化学反应和分离检测等功能，是液体光子器件的重要应用。

参 考 文 献

[1]　Kasap S O. 光电子学与光子学——原理与实践[M]. 罗风光, 译. 北京: 电子工业出版社, 2015.

[2]　骆清铭. 生物分子光子学研究前沿[M]. 上海: 上海交通大学出版社, 2014.

[3]　罗丹. 液晶光子学[M]. 北京: 电子工业出版社, 2018.

[4]　李磊. 自适应液体光子器件[D]. 成都: 四川大学, 2013.

[5]　Berge B, Peseux J. Variable focal lens controlled by an external voltage: An application of electrowetting[J]. The European Physical Journal E, 2000, 3(2): 159-163.

[6]　Kuiper S, Hendriks B H W. Variable-focus liquid lens for miniature cameras[J]. Applied Physics Letters, 2004, 85(7): 1128-1130.

[7]　Li L, Wang D, Liu C, et al. Zoom microscope objective using electrowetting lenses[J]. Optics Express, 2016, 24(3): 2931-2940.

[8]　Li L, Yuan R Y, Luo L, et al. Optofluidic zoom system using liquid optical path switchers[J]. IEEE Photonics Technology Letters, 2018, 30(10): 883-886.

[9]　Li L, Wang D, Liu C, et al. Ultrathin zoom telescopic objective[J]. Optics Express, 2016, 24(16): 18674-18684.

[10]　Li L, Yuan R Y, Wang J H, et al. Electrically optofluidic zoom system with a large zoom range and high-resolution image[J]. Optics Express, 2017, 25(19): 22280-22291.

[11]　Li L, Xiao L, Wang J H, et al. Movable electrowetting optofluidic lens for optical axial scanning in microscopy[J]. Opto-Electronic Advances, 2019, 2(2): 18002501-18002505.

[12]　Hayes R A, Feenstra B J. Video-speed electronic paper based on electrowetting[J]. Nature, 2003, 425(6956): 383-385.

[13]　Kim D Y, Steckl A J. Electrowetting on paper for electronic paper display[J]. ACS Applied Materials & Interfaces, 2010, 2(11): 3318-3323.

[14]　He T, Jin M L, Eijkel J C T, et al. Two-phase microfluidics in electrowetting displays and its effect on optical performance[J]. Biomicrofluidics, 2016, 10(1): 011908.

[15]　Liu C, Wang D, Wang Q H, et al. Electrowetting-actuated multifunctional optofluidic lens to improve the quality of computer-generated holography[J]. Optics Express, 2019, 27(9): 12963-12975.

[16]　Liu C, Wang D, Wang Q H. Variable aperture with graded attenuation combined with

adjustable focal length lens[J]. Optics Express, 2019, 27(10): 14075-14084.

[17] Liu C, Wang D, Wang Q H. Holographic display system with adjustable viewing angle based on multi-focus optofluidic lens[J]. Optics Express, 2019, 27(13):18210-18221.

[18] Tsai C G, Chen C N, Cheng L S, et al. Planar liquid confinement for optical centering of dielectric liquid lenses[J]. IEEE Photonics Technology Letters, 2009, 21(19): 1396-1398.

[19] Yang C C, Tsai C G, Yeh J A. Miniaturization of dielectric liquid microlens in package[J]. Biomicrofluidics, 2010, 4(4): 043006.

[20] Smith N R, Abeysinghe D C, Haus J W, et al. Agile wide-angle beam steering with electrowetting microprisms[J]. Optics Express, 2006, 14(14): 6557-6563.

[21] Takei A, Iwase E, Hoshino K, et al. Angle-tunable liquid wedge prism driven by electrowetting[J]. Journal of Microelectromechanical Systems, 2007, 16(6): 1537-1542.